KB057907

멘사 사고력 퍼즐

The Ultimate Puzzle Challenge

By Philip Carter, Ken Russell & John Bremner

Text and Puzzle content copyright © British Mensa Ltd. 1999, 2002, 2005
Design and Artwork copyright © Carlton Books Ltd. 1999, 2002, 2005
All rights reserved
Korean edition is published by arrangement with Carlton Books Ltd.
through Corea Literary Agency, Seoul

이 책의 한국어판 저작권은 Corea 에이전시를 통한 Carlton Books Ltd.와의 독점계약으로
보누스출판사에 있습니다. 저작권법에 의해 보호를 받는 저작물이므로 무단전재 및 무단복제를 금합니다.

IQ 148을 위한

MENSA
멘사 사고력 퍼즐
PUZZLE

필립 카터 · 켄 러셀 · 존 브렘너 지음
멘사코리아 감수

보누스

머리말

수학과 논리의 모든 영역을 꿰뚫다

논리의 핵심을 이루는 주요 영역은 수리논리, 언어논리, 시각논리이다. 이 세 영역을 꿰뚫고 있으면 논리에 관한 한 거의 모든 것을 섭렵했다고 해도 과언이 아니다. 《멘사 사고력 퍼즐》은 바로 그런 의도에서 기획된 책이다. 《멘사 논리 퍼즐》을 만든 필립 카터와 켄 러셀, 《멘사 시각 퍼즐》을 만든 존 브렘너가 야심 차게 내놓은 이 책은 어느 한쪽에 편중되지 않고 논리의 세 영역을 아우른다. 또한 전편보다 훨씬 난이도 높은 문제들로 '도전자'들의 지적 욕구를 충족시켜줄 것이다.

어떤 문제는 시간과 공을 들여 체계적으로 풀어야 하고, 어떤 문제는 거의 직관적으로 풀어야 할 것이다. 사실상 체계적 분석과 직관, 이두 가지가 수학과 논리에 접근하는 핵심이라 할 수 있다.

수학과 논리의 달인이 되기 위해서는 단지 머리에만 의존해서는 안된다. 무엇보다 불굴의 의지와 결단력이 필요하다. 이 책에 도전하는 당신에게 가장 필요한 것도 바로 그것이다.

필립 카터 · 켄 러셀 · 존 브렘너

내 안에 잠든 천재성을 깨워라

영국에서 시작된 멘사는 1946년 롤랜드 베릴(Roland Berill)과 랜스 웨어 박사(Dr. Lance Ware)가 창립하였다. 멘사를 만들 당시에는 '머리 좋은 사람들'을 모아서 윤리·사회·교육 문제에 대한 깊이 있는 토의를 진행시켜 국가에 조언할 수 있는, 현재의 헤리티지 재단이나 국가 전략 연구소 같은 '싱크 탱크'(Think Tank)로 발전시킬 계획을 가지고 있었다. 하지만 회원들의 관심사나 성격들이 너무나 다양하여 그런 무겁고 심각한 주제에 집중할 수 없었다.

그로부터 30년이 흘러 멘사는 규모가 커지고 발전하였지만, 멘사 전체를 아우를 수 있는 공통의 관심사는 오히려 퍼즐을 만들고 푸는 일이었다. 1976년 《리더스 다이제스트》라는 잡지가 멘사라는 흥미로운 집단을 발견하고 이들로부터 퍼즐을 제공받아 몇 개월간 연재하였다. 퍼즐 연재는 그 당시까지 2, 3천 명에 불과하던 멘사의 전 세계 회원수를 11만 명 규모로 증폭시킨 계기가 되었다. 비밀에 싸여 있던 신비한 모임이 퍼즐을 좋아하는 사람이라면 누구나 참여할 수 있는 대중적인 집단으로 탈바꿈한 것이다. 물론 퍼즐을 즐기는 것 외에 IQ 상위 2%라는 일정한 기준을 넘어야 멘사 입회가 허락되지만 말이다.

어떤 사람들은 "머리 좋다는 친구들이 기껏 퍼즐이나 풀며 놀고 있다"라고 빈정대기도 하지만, 퍼즐은 순수한 지적 유희로서 충분한 가치가 있다. 퍼즐은 숫자와 기호가 가진 논리적인 연관성을 찾아내는 일종의 암호풀기 놀이다. 겉으로는 별로 상관없어 보이는 것들의 연관 관계와, 그 속에 감추어진 의미를 찾아내는 지적인 보물찾기 놀이가 바로 퍼즐이다. 퍼즐은 아이들에게는 수리와 논리 훈련이 될 수 있고 청소년과 성인에게는 유쾌한 여가활동, 노년층에게는 치매를 방지하는 지적인 건강지킴이 역할을 할 것이다.

　시중에는 이런 저런 멘사 퍼즐 책이 많이 나와 있다. 이런 책들의 용도는 스스로 자신에게 멘사다운 특성이 있는지 알아보는 데 있다. 우선 책을 재미로 접근하기 바란다. 멘사 퍼즐은 아주 어렵거나 심각한 문제들이 아니다. 이런 퍼즐을 풀지 못한다고 해서 학습 능력이 떨어진다거나 무능한 것은 더더욱 아니다. 이 책에 재미를 느낀다면 지금까지 자신 안에 잠재된 능력을 눈치 채지 못했을 뿐, 계발하기에 따라 달라지는 무한한 잠재 능력이 숨어 있는 사람일지도 모른다.

　아무쪼록 여러분이 이 책을 즐길 수 있으면 좋겠다. 또 숨겨져 있던 자신의 능력을 발견하는 계기가 된다면 더더욱 좋겠다.

멘사코리아 전(前) 회장
지형범

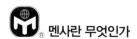

멘사란 무엇인가

멘사란 '탁자'를 뜻하는 라틴어로, 지능지수 상위 2% 이내(IQ 148 이상)의 사람만 가입할 수 있는 천재들의 모임이다. 1946년 영국에서 창설되어 현재 100여 개국 이상에 14만여 명의 회원이 있다. 멘사코리아는 1998년에 문을 열었다. 멘사의 목적은 다음과 같다.

- 첫째, 인류의 이익을 위해 인간의 지능을 탐구하고 배양한다.
- 둘째, 지능의 본질과 특징, 활용처 연구에 힘쓴다.
- 셋째, 회원들에게 지적·사회적으로 자극이 될 만한 환경을 마련한다.

IQ 점수가 전체 인구의 상위 2%에 해당하는 사람은 누구든 멘사 회원이 될 수 있다. 우리가 찾고 있는 '50명 가운데 한 명'이 혹시 당신은 아닌지?

멘사 회원이 되면 다음과 같은 혜택을 누릴 수 있다.

- 국내외의 네트워크 활동과 친목 활동
- 예술에서 동물학에 이르는 각종 취미 모임
- 매달 발행되는 회원용 잡지와 해당 지역의 소식지
- 게임 경시대회, 친목 도모 등을 위한 지역 모임
- 주말마다 열리는 국내외 모임과 회의
- 지적 자극에 도움이 되는 각종 강의와 세미나
- 여행객을 위한 세계적인 네트워크인 'SIGHT' 이용 가능

멘사에 대한 좀 더 자세한 정보는 멘사코리아의 홈페이지를 참고하기 바란다.

- 홈페이지 : www.mensakorea.org

일러두기

퍼즐마다 하단의 쪽 번호 옆에 해결, 미해결을 표시할 수 있는 공간을 마련해두었습니다.

해결한 퍼즐의 개수가 늘어날수록 여러분이 느끼는 지적 쾌감도 커질 테니, 잊지 말고 체크하기 바랍니다.

문제 해결 방법은 이 책에 기재된 내용 외에도 다양한 풀이 과정이 있을 수 있음을 밝혀둡니다.

PUZZLE
문제

A~D 중 빈 부분에 들어갈 알맞은 패턴은 무엇일까?

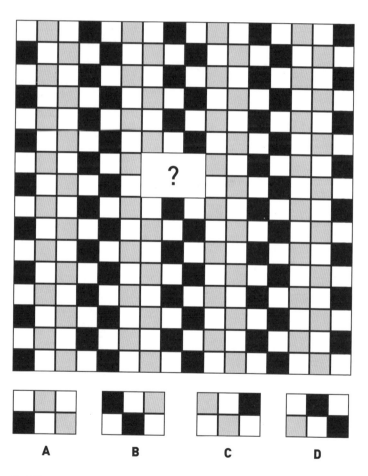

A **B** **C** **D**

답: 166쪽

물음표에 들어갈 숫자는 무엇일까?

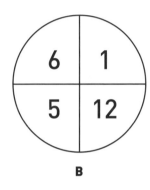

A

B

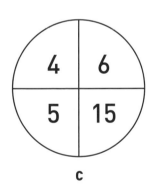

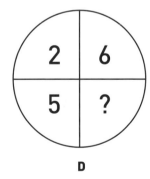

C

D

답: 166쪽

A~C 중 물음표에 들어갈 그림은 무엇일까?

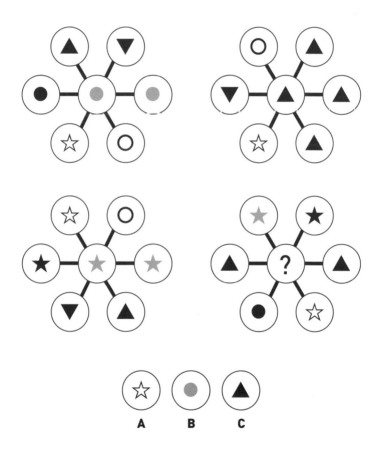

A   **B**   **C**

답: 166쪽

PUZZLE
004

물음표에 들어갈 알파벳은 무엇일까?

t w t f s ?

답: 166쪽

15

전개도를 접으면 A~E 중 어느 주사위가 될까?

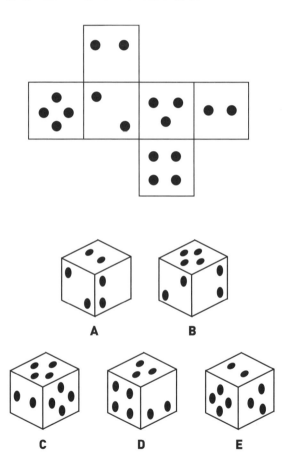

답: 166쪽

1년, 12개월 중 31일이 포함된 달은 몇 개일까?

How many months have 31 days?

답: 166쪽

물음표에 들어갈 숫자는 무엇일까?

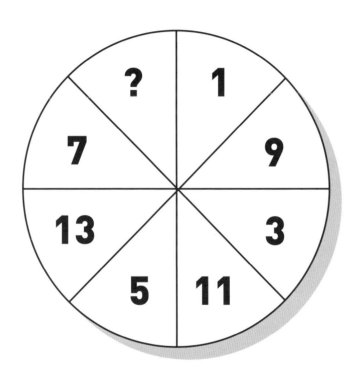

답: 167쪽

세 개씩 짝지어진 숫자카드를 다음의 큰 사각형 안에 배열해서 가로, 세로, 대각선의 합이 각각 175가 되도록 만들어보아라. 단, 숫자카드는 가로·세로를 변형하거나, 각각의 순서를 바꾸지 않아야 한다.

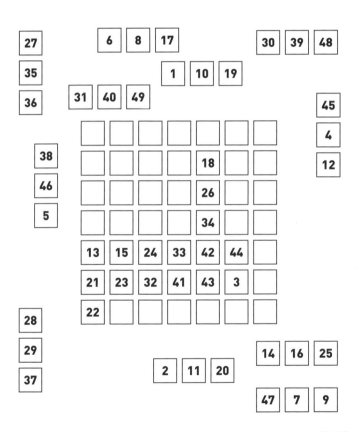

PUZZLE 009

뒤섞여 있는 알파벳을 조합해 국가 이름 7개를 만들어보아라.
단, 같은 행의 문자들만 사용해야 한다.

**VISUAL YOGA
AS A RITUAL
COLD ANTS
SIR USA
OUR HANDS
A FRUIT CHAOS
GREY MAN**

답: 167쪽

그림 속 숫자들은 특정한 규칙에 의해 배열되어 있다. 물음표에 들어
갈 숫자는 무엇일까?

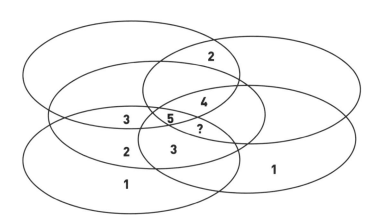

답: 167쪽

PUZZLE
011

물음표에 들어갈 숫자는 무엇일까?

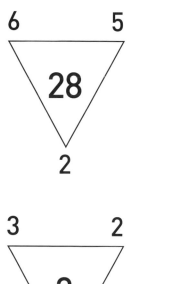

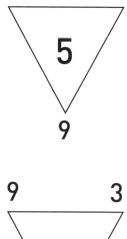

답: 167쪽

나열된 알파벳의 특징을 찾아보아라.

RED   ZAW
THIS
JOUNG CYMLK
PBQ   XFV

답: 168쪽

수직선 10개를 9개로 만들어보아라. 단, 선을 좌우로 붙이거나, 겹치
거나, 새로운 선을 추가하거나, 지우지 않아야 한다. 단, 모든 수직선
의 길이는 동일해야 한다.

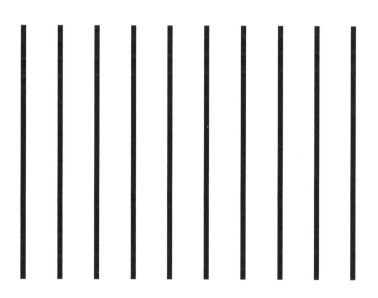

답: 168쪽

D 시계에 알맞은 시침과 분침을 그려넣어라.

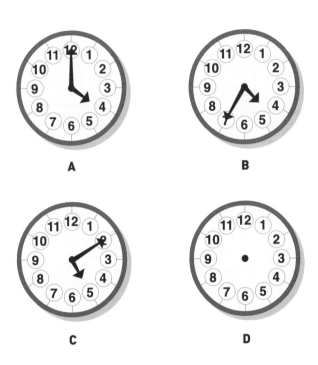

A

B

C

D

답: 168쪽

A~F 중 물음표에 들어갈 그림은 무엇일까?

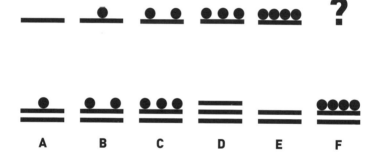

답: 168쪽

PUZZLE 016

공에 적힌 숫자의 특성이 다른 하나는 무엇일까?

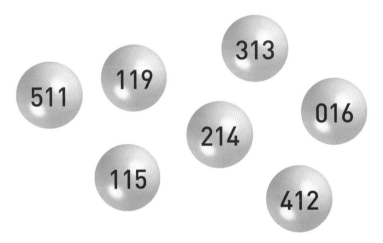

답: 169쪽

마름모 안에 있는 제일 위의 숫자에서부터 시계 방향으로 +, ×, − 의 연산만을 사용해 가운데 숫자가 나오도록 만들어보아라.

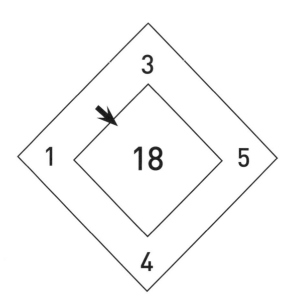

답: 169쪽

A~F 중 나머지와 다른 하나는 무엇일까?

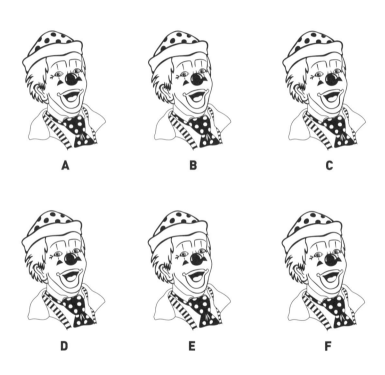

A

B

C

D

E

F

답: 169쪽

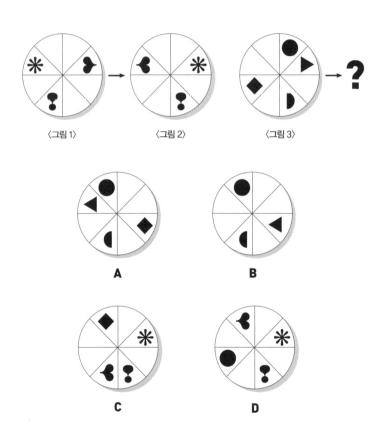

PUZZLE 019

〈그림 1〉이 〈그림 2〉로 바뀐다면, 〈그림 3〉은 A~D 중 어느 그림으로 바뀔 수 있을까?

〈그림 1〉 〈그림 2〉 〈그림 3〉

A B

C D

답: 169쪽

〈그림 1〉은 〈그림 4〉로 가면서 조금씩 변하고 있다. 〈그림 4〉 다음
에 올 그림은 A~C 중 무엇일까?

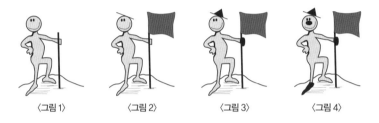

〈그림 1〉　　〈그림 2〉　　〈그림 3〉　　〈그림 4〉

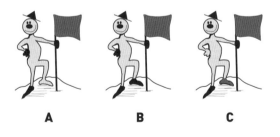

A　　　　B　　　　C

답: 170쪽

두 개씩 짝지어진 숫자카드를 다음의 큰 사각형 안에 배열해서 가로, 세로, 대각선의 합이 각각 65가 되도록 만들어보아라. 단, 숫자카드는 가로·세로를 변형하거나, 각각의 순서를 바꾸지 않아야 한다.

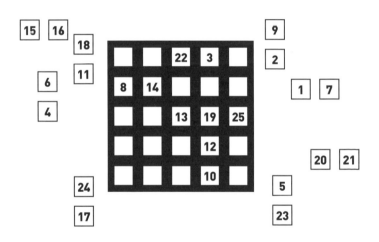

답: 170쪽

그림에서 검은 점 하나가 빠져 있다. 어느 자리에 넣어야 할까?

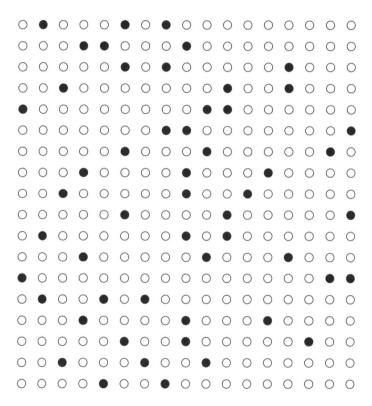

답: 170쪽

알파벳으로 채운 낱말 판에서 다음의 단어를 찾아보아라. 단어는 역
으로도 가능하며 가로, 세로, 대각선 어느 방향으로든 놓일 수 있다.

BELLS   FISHES   BEES   SLEEP   BIRDS
BONES   DREAMS   EGGS   FIRE

Z	R	O	N	M	P	D	R	E	A	M	S	O	O	L	K	I
P	G	J	K	V	J	K	N	L	K	Z	H	G	H	J	K	O
A	L	R	B	O	C	J	I	O	P	R	A	B	L	A	I	M
T	R	I	D	E	W	A	S	T	A	B	L	A	N	R	I	N
N	O	N	S	E	L	N	N	S	E	W	U	R	D	Z	A	E
I	M	P	E	L	S	L	P	E	O	P	B	C	R	T	R	R
T	R	A	K	B	E	M	S	E	K	A	I	M	E	M	T	I
C	L	E	S	T	F	R	O	F	A	C	R	P	R	P	C	F
A	N	E	R	I	S	E	N	U	D	O	D	O	M	I	C	L
Q	U	E	S	V	O	V	A	I	M	N	S	T	H	I	B	R
E	G	H	A	M	C	P	L	U	N	D	T	O	O	B	Y	N
R	E	I	L	L	I	N	E	R	G	A	N	D	O	Y	P	O
S	L	H	I	V	E	R	S	E	O	F	G	N	U	N	G	E
E	L	U	O	E	T	T	S	O	L	O	E	E	O	F	A	L
A	H	P	N	E	N	O	O	P	E	S	T	L	H	E	P	O
K	H	G	A	B	T	V	H	L	E	G	G	O	A	M	V	E
S	T	R	E	G	G	S	O	O	M	W	A	N	N	T	I	R

답: 170쪽

PUZZLE 024

물음표에 들어갈 숫자는 무엇일까?

	2	
	4	
3	6	1
	1	

A

	3	
	4	
1	7	4
	2	

B

	6	
	2	
4	8	0
	5	

C

	7	
	2	
2	9	7
	?	

D

답: 171쪽

물음표에 들어갈 숫자는 무엇일까?

	2	
6	6	3
	1	

A

	9	
3	?	2
	6	

B

	7	
8	10	3
	2	

C

	6	
8	12	2
	8	

D

답: 171쪽

A~D 중 다른 그림 하나는 무엇일까?

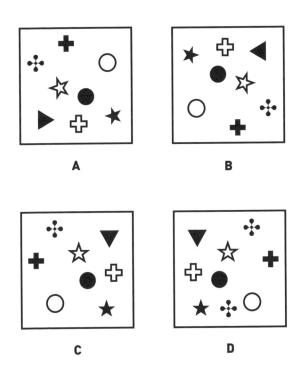

A

B

C

D

답: 172쪽

당신은 이상한 규칙이 있는 임원회에 참여하게 되었다. 상자 안에는 'YES'와 'NO'라고 적힌 두 장의 카드가 있고, 당신은 그중 한 장의 카드를 뽑아야 한다. 물론 카드를 미리 볼 수는 없다. 만약 'YES' 카드를 뽑는다면 당신은 임원이 되지만, 'NO' 카드를 뽑으면 그 자리에서 쫓겨나고 만다.

그런데 이날 모임에서는 예전부터 당신에게 앙심을 품고 있던 직장 동료가 'NO' 카드만을 두 장 넣은 상자를 준비해두었디. 그 동료는 조용히 다가와 당신은 해고당할 수밖에 없을 거라고 말했다. 당신은 행사 중에 말을 할 수도, 상자 안에 있는 카드를 바꿀 수도 없다. 당신은 어떻게 해야 임원이 될 수 있을까?

답: 172쪽

물음표에 들어갈 숫자는 무엇일까?

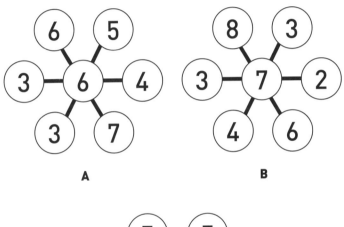

A   B

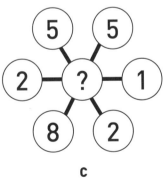

C

답: 172쪽

짝지어진 시계의 연관관계를 찾아서 마지막 시계에 시침과 분침을 그
려넣어라.

답: 172쪽

전개도를 접으면 A~E 중 어느 주사위가 될까?

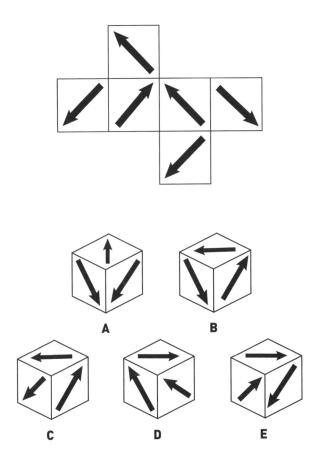

답: 172쪽

PUZZLE
031

동전 하나가 들어 있는 병이 있다. 이 병은 코르크 마개로 단단히 막혀 있다. 당신은 병에서 동전을 꺼내야만 한다. 어떻게 하면 동전을 빼낼 수 있을까?

단, 코르크를 빼거나, 병을 깨뜨리거나, 코르크와 병에 구멍을 뚫어서는 안 된다.

물음표에 들어갈 숫자는 무엇일까?

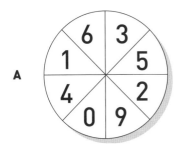

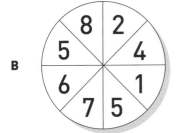

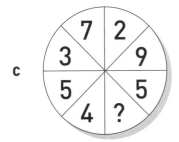

답: 173쪽

A~D 중 빈 부분에 들어갈 알맞은 패턴은 무엇일까?

A

B   C   D

답: 173쪽

로마숫자 하나를 옮겨서 옳은 수식으로 만들어보아라.

XIIV + XVII = XXX

답: 173쪽

바코드로 구성된 세트에 다음과 같은 숫자가 적혀 있다. 물음표에
들어갈 숫자는 무엇일까?

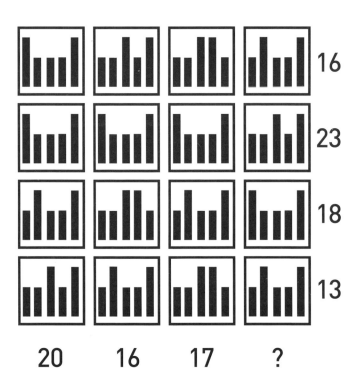

답: 173쪽

그림에서 모양이 같은 정육각형이 몇 개 있는지 찾아보라.

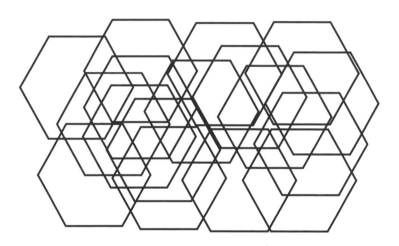

답: 175쪽

물음표에 들어갈 그림은 무엇일까?

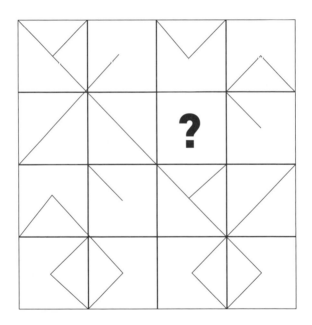

답: 175쪽

네모 칸에 들어갈 숫자는 무엇일까?

143, 120, 99, 80, 63, 48, □

답: 175쪽

알파벳으로 채운 낱말 판에서 다음의 단어를 찾아보라. 단어는 역으로
도 가능하며 가로, 세로, 대각선 어느 방향으로도 놓일 수 있다.

HAMMER	HANDPLANE	PINCERS	KNIVES
PUNCH	FILE	COUNTERSINKER	CHISEL
RATCHET	SCREWDRIVER	BRADAWL	DRILL
SAFETY	TOOLBELT	SAW	NAILS
RIVETS	HELMET	TILES	PLIERS
SPANNER	MACHINERY		

S	L	L	P	U	N	C	H	I	T	B	I	O	B	T	I	H
R	X	V	H	J	T	E	M	L	E	H	Y	T	E	F	A	S
L	T	B	R	A	D	A	W	L	N	T	A	I	T	M	O	T
L	Y	A	A	S	O	R	R	R	C	K	L	L	M	E	I	B
J	U	O	T	O	O	L	B	E	L	T	D	E	A	B	A	W
P	B	A	C	I	S	T	A	I	P	S	R	S	C	E	M	I
L	N	O	H	O	A	K	B	T	I	E	I	N	H	O	Q	T
I	M	E	E	I	W	N	U	E	N	R	L	T	I	W	E	R
E	I	S	T	A	B	I	A	V	C	E	L	O	N	P	N	W
R	U	L	I	O	I	V	O	W	E	L	W	T	E	L	A	I
S	Y	I	S	C	R	E	W	D	R	I	V	E	R	E	L	T
L	K	A	T	B	E	S	T	R	S	F	T	O	Y	S	P	D
N	O	N	I	Y	T	E	O	I	T	O	A	E	E	I	D	T
B	O	L	P	E	X	E	A	W	E	B	T	I	E	H	N	E
Y	I	L	V	R	E	N	N	A	P	S	A	B	Z	C	A	I
B	S	I	E	T	W	O	T	Z	P	T	O	E	W	P	H	W
A	R	E	K	N	I	S	R	E	T	N	U	O	C	A	O	T
S	D	F	X	I	E	A	E	W	A	I	E	O	I	P	Z	B

답: 175쪽

A~D 중 다른 그림 하나는 무엇일까?

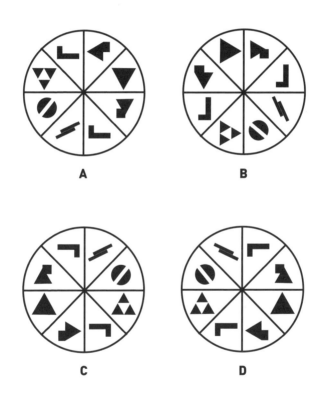

답: 176쪽

물음표에 들어갈 숫자는 무엇일까?

답: 176쪽

마지막에 있는 저울이 평행이 되려면 ✖가 몇 개 더 필요할까?

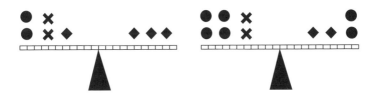

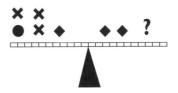

답: 176쪽

메리는 바닷가에 있는 커다란 집에서 혼자 살고 있다. 그녀는 집을 비우는 일이 거의 없고, 집 안을 정돈하거나 소설을 읽으며 하루를 보낸다. 어느 날 밤 그녀는 TV와 등을 모두 끄고, 편의점에 갔다. 두 시간 후 집에 돌아와 보니 80명의 사람들이 죽어 있었다. 그에 대한 책임은 모두 메리에게 있었다.

어떻게 된 일일까?

답: 177쪽

세 개씩 짝지어진 숫자카드를 큰 사각형 안에 배열해서 가로, 세로, 대각선의 합이 각각 196이 되도록 만들어보라. 단, 숫자카드는 가로·세로를 변형하거나, 각각의 순서를 바꾸지 않아야 한다.

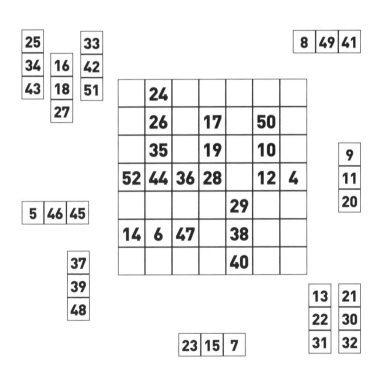

PUZZLE 045

〈그림 1〉이 〈그림 2〉로 바뀐다면, 〈그림 3〉은 A~D 중 어느 그림으로 바뀔 수 있을까?

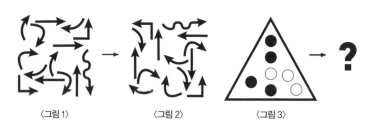

〈그림 1〉　　〈그림 2〉　　〈그림 3〉

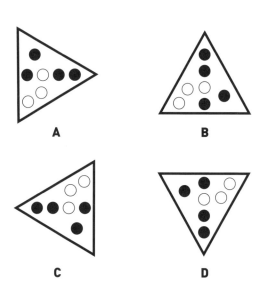

A

B

C

D

답: 177쪽

나열된 수들의 규칙을 찾아 네모 칸에 들어갈 숫자 두 개를 찾아보라.

8, 5, 3, 8, 1, 9, 0, 9, 9, 8, 7, 5,
2, 7, 9, 6, 5, 1, 6, 7, 3, 0, 3, 3,
6, 9, 5, 4, 9, 3, 2, 5, 7, 2, 9, 1,
0, 1, 1, 2, 3, 5, 8, 3, 1, 4, 5, 9,
4, 3, 7, 0, 7, 7, 4, ☐, ☐ …

답: 177쪽

A~E 중 다른 하나는 무엇일까?

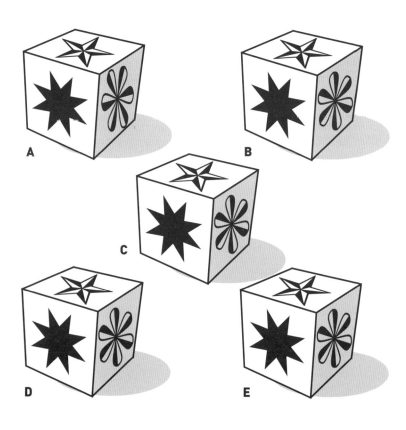

A

B

C

D

E

조각들을 직사각형으로 맞추어보라.

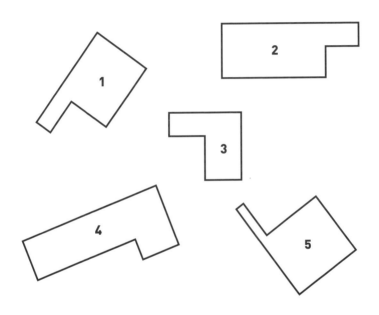

답: 178쪽

숫자 판에서 가로, 세로, 대각선의 합이 각각 34인 부분을 찾아보아라. 단, 가로·세로는 네 칸씩으로 구성된다.

16	3	2	13	15	10	3	6	41	15	14	4	12	8	7	1	12
5	10	11	8	4	5	16	9	9	7	6	12	5	11	10	8	5
9	6	7	12	14	11	2	13	16	3	2	13	15	10	3	6	5
41	15	14	4	12	8	7	1	5	10	11	8	4	5	16	9	15
16	3	2	13	15	10	3	6	15	10	16	2	3	13	16	2	3
5	10	11	8	4	5	16	9	4	5	5	11	10	8	5	11	10
9	6	7	12	14	11	2	13	14	11	9	7	6	12	9	7	6
41	15	14	4	12	8	7	1	12	8	4	14	15	1	14	15	1
9	7	6	12	5	11	10	8	5	11	10	3	6	41	15	14	4
4	14	15	1	9	7	6	12	9	7	5	16	9	9	7	6	12
12	8	13	13	4	14	15	1	4	14	11	2	13	16	3	2	13

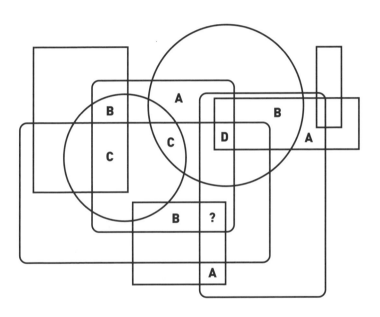

PUZZLE
050

알파벳은 일정한 규칙에 의해 배열되어 있다. 물음표에 들어갈 알파벳은 무엇일까?

답: 179쪽

PUZZLE
051

A~H 중 나머지와 다른 하나는 무엇일까?

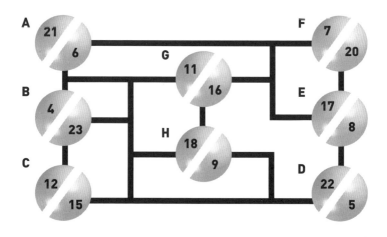

답: 179쪽

62

크기가 같은 공 12개가 있다. 이 중 11개는 무게가 동일하고, 나머지 한 개는 약간 더 무겁다. 무거운 공은 손으로 구별해낼 수 없기 때문에 양팔저울을 세 번만 이용해 무거운 공 하나를 찾아내야 한다.

어떻게 하면 찾을 수 있을까?

답: 179쪽

알파벳으로 채운 낱말 판에서 다음의 단어를 찾아보라. 단어는 역으로 도 가능하며 가로, 세로, 대각선 어느 방향으로도 놓일 수 있다. 단어 중간에서 가로·세로로 꺾여 이어질 수도 있다.

TIGHTS	HANDKERCHIEF	TROUSERS	SKIRT
DRESS	STOCKINGS	WAISTCOAT	KNICKERS
SHOES	TIE	PULLOVER	UNDERWEAR
HAT	SHIRT	BLOUSE	BRASSIERE
SOCKS	SUSPENDERS		

T	P	K	A	C	K	D	N	A	H	C	T	H	G	I	T	A
R	Q	T	R	Z	E	I	R	B	C	E	S	E	R	E	D	C
O	C	Z	I	B	R	A	T	W	E	S	Q	A	Z	B	R	E
U	L	B	K	N	C	W	S	E	O	H	N	L	O	V	E	R
S	E	R	S	P	H	O	R	A	R	E	A	L	R	O	S	S
X	T	R	E	B	I	S	Q	K	O	I	Z	U	R	A	K	B
C	O	T	S	Z	E	H	W	V	C	T	L	P	A	U	Z	R
K	L	A	W	E	F	I	R	T	A	O	B	M	E	T	L	A
I	W	A	I	X	N	K	Q	O	H	I	N	K	W	N	B	E
N	E	N	S	E	R	S	E	M	A	T	R	X	R	I	X	R
G	W	C	T	U	E	C	S	X	R	N	E	V	E	D	N	U
S	T	A	C	Q	K	Z	U	Z	A	I	R	O	K	Y	B	W
U	B	E	O	B	N	X	O	L	B	L	E	T	N	R	O	A
R	K	O	A	N	I	K	W	U	K	T	I	O	A	Z	L	K
Y	I	E	T	U	C	O	B	R	A	S	S	W	I	B	V	E
Z	S	N	M	X	K	N	E	R	Q	U	E	C	K	S	T	R
O	R	B	S	R	E	V	T	B	U	R	X	O	I	E	N	Q
R	E	D	N	E	P	S	U	S	A	T	E	S	T	A	X	B

답: 180쪽

나열된 수들의 규칙을 찾아 네모 칸에 들어갈 숫자를 찾아보라.

1651, 2533, 3442, 4540, 5305,
6124, 7240, 8131, 9310, 10921,
11542, 12361, 13900, 14503, 15052,
16114, 1710□, 18103···

좌우 반전된 모양의 가면이 서로 짝을 이루고 있다. A~D 중 반전되지 않은 다른 그림 하나는 무엇일까?

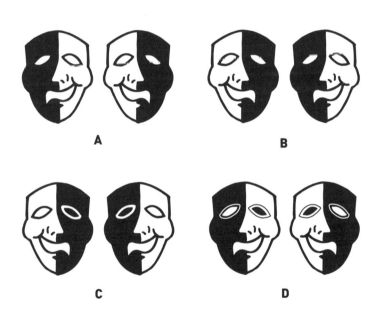

A

B

C

D

답: 180쪽

PUZZLE 056

각 도형이 나타내는 숫자를 유추하여 물음표에 들어갈 숫자를 찾아
보라.

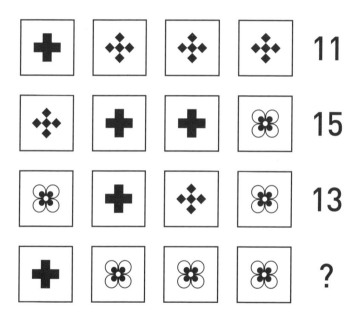

답: 181쪽

〈그림 1〉이 〈그림 2〉로 바뀐다면, 〈그림 3〉은 A~D 중 어느 그림으로 바뀔 수 있을까?

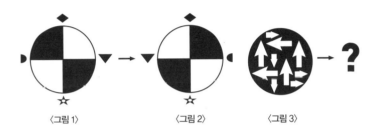

〈그림 1〉   〈그림 2〉   〈그림 3〉

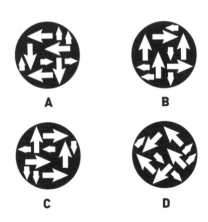

A

B

C

D

조각들을 직사각형으로 맞춰보라.

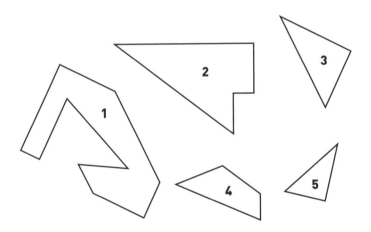

답: 182쪽

A~D 중 빈 부분에 들어갈 알맞은 패턴은 무엇일까?

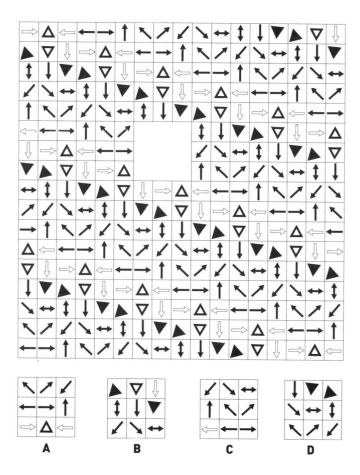

A   **B**   **C**   **D**

답: 183쪽

물음표에 들어갈 숫자는 무엇일까?

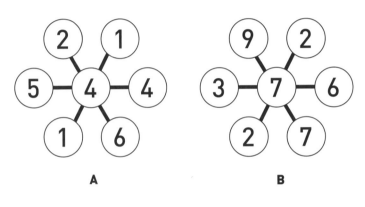

A   B

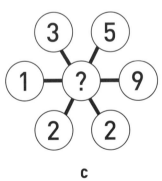

C

답: 183쪽

물음표에 들어갈 숫자는 무엇일까?

답: 183쪽

숫자들은 일정한 규칙에 의해 배열되어 있다. A와 B에 알맞은 숫자
는 무엇일까?

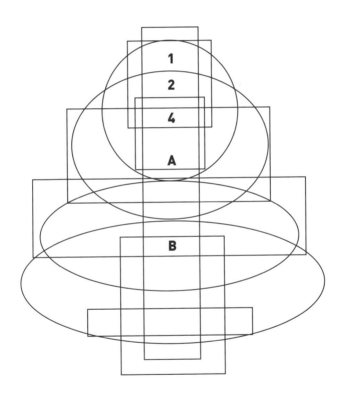

답: 184쪽

나열된 수들의 규칙을 찾아 네모 칸에 들어갈 숫자를 찾아보라.

97, 142, 209, 306, 448, 657, 963,
1411, 2068, 3031, 4442, 6510, 9541,
13983, 20493, 30034, 44017, 64510,
945☐☐ ···

답: 184쪽

A~D 중 다른 그림 하나는 무엇일까?

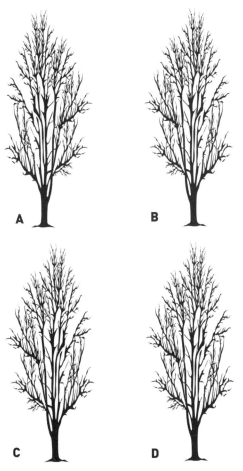

A

B

C

D

답: 185쪽

그림에는 몇 개의 삼각형이 있을까?

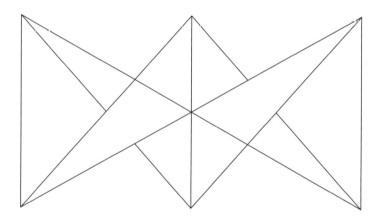

답: 185쪽

각 도형이 나타내는 숫자를 유추하여 물음표에 들어갈 숫자를 찾아
보라.

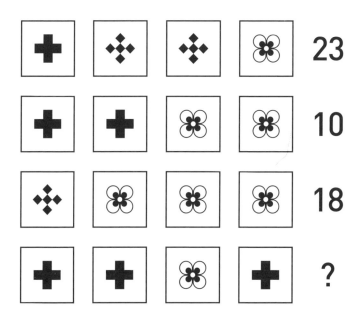

답: 185쪽

각 도형이 나타내는 최소의 자연수를 유추하여 물음표에 들어갈 도형의 합을 찾아보아라.

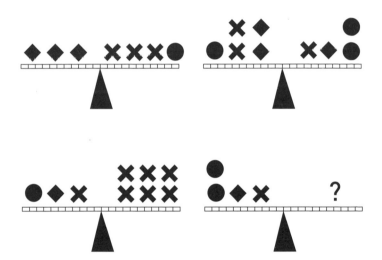

답: 186쪽

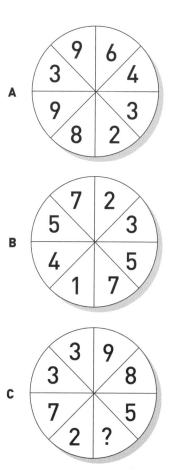

물음표에 들어갈 숫자는 무엇일까?

A

B

C

답: 187쪽

조각들을 직사각형으로 맞춰보라.

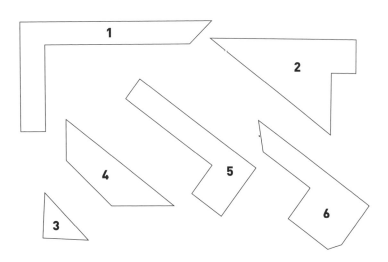

답: 187쪽

A~H 중 나머지와 다른 하나는 무엇일까?

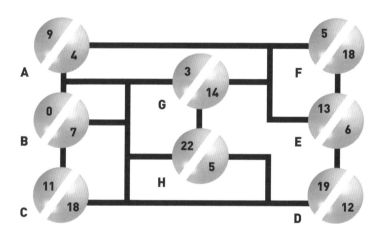

답: 188쪽

그림 중에는 검은 점 하나가 빠져 있다. 어느 자리에 넣어야 할까?

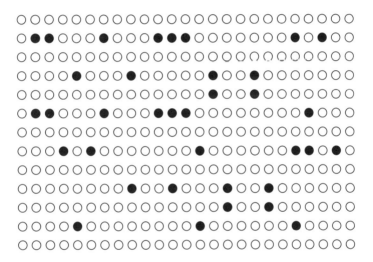

답: 188쪽

물음표에 들어갈 숫자는 무엇일까?

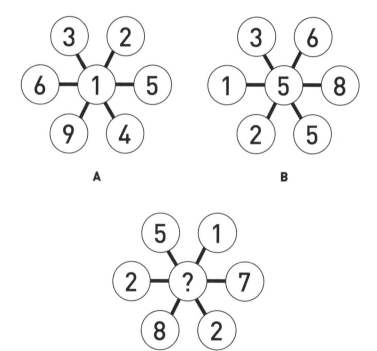

전개도를 접으면 A~E 중 어느 상자가 될까?

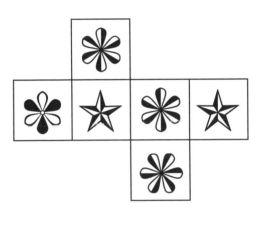

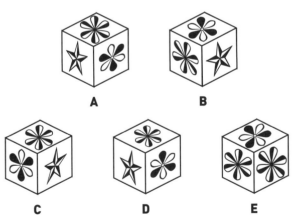

A   B

C   D   E

물음표에 들어갈 숫자는 무엇일까?

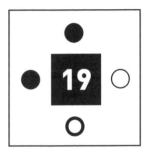

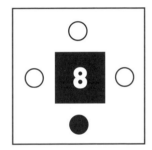

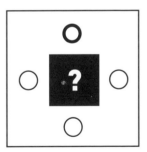

답: 189쪽

PUZZLE 075

각 도형이 나타내는 숫자를 유추하여 물음표에 들어갈 숫자를 찾아 보라.

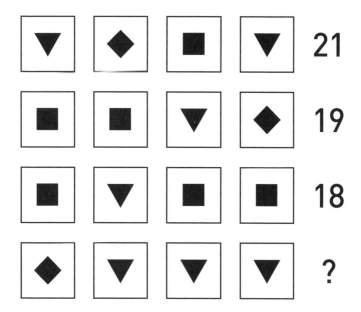

답: 190쪽

A와 B의 호랑이 그림에서 다른 부분 10곳을 찾아보라.

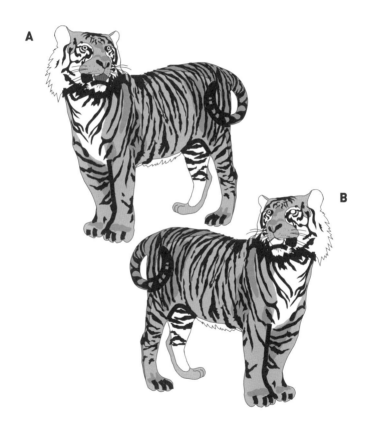

답: 192쪽

네모 칸에 들어갈 숫자는 무엇일까?

33, 36, 42, 44, 48, 56, ☐ ···

답: 192쪽

써야 할 때는 던져버리고, 필요 없을 때는 거둬들이는 것은 무엇일까?

답: 193쪽

A~D 중 빈 부분에 들어갈 알맞은 그림은 무엇일까?

a	s	d	f	g	h	j	k	l	m	n	o	i	z	x	v	c
x	v	c	a	s	d	f	g	h	j	k	l	m	n	o	i	z
o	i	z	x	v	c	a	s	d	f	g	h	j	k	l	m	n
l	m	n	o	i	z	x	v	c	a	s	d	f	g	h	j	k
h	j	k	l	m	n	o	i	z	x	v	c	a	s	d	f	g
d	f	g	h	j	k	l	m		o	i	z	x	v	c	a	s
c	a	s	d	f	g	h		l	m	n	o	i	z	x	v	
z	x	v	c	a	s	d	f		j	k	l	m	n	o	i	
n	o	i	z	x	v	c		d	f	g	h	j	k	l	m	
k	l	m	n	o	i	z	x		a	s	d	f	g	h	j	
g	h	j	k	l	m	n	o		z	x	v	c	a	s	d	f
s	d	f	g	h	j	k	l	m	n	o	i	z	x	v	c	a
v	c	a	s	d	f	g	h	j	k	l	m	n	o	i	z	x
i	z	x	v	c	a	s	d	f	g	h	j	k	l	m	n	o
m	n	o	i	z	x	v	c	a	s	d	f	g	h	j	k	l
j	k	l	m	n	o	i	z	x	v	c	a	s	d	f	g	h
f	g	h	j	k	l	m	n	o	i	z	x	v	c	a	s	d

A
	n	
j	k	
	g	h
a	s	
	v	c
	i	

B
	n	
k	j	
	g	h
a	s	
	i	v
	c	

C
	n	
j	k	
	g	h
a	s	
	c	i
	v	

D
	n	
j	k	
	g	h
i	s	
	v	c
	a	

답: 193쪽

마지막 그림이 평형을 이루려면 ●는 몇 개가 필요할까?

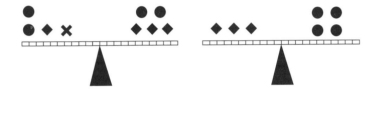

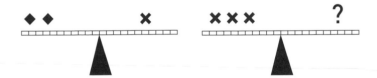

답: 193쪽

알파벳은 일정한 규칙에 의해 배열되어 있다. 물음표에 들어갈 알파
벳은 무엇일까?

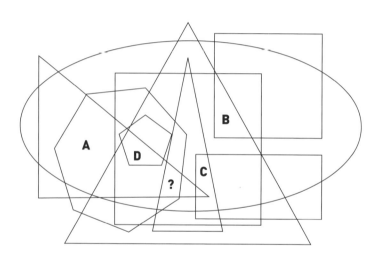

답: 194쪽

PUZZLE 082

물음표에 들어갈 숫자는 무엇일까?

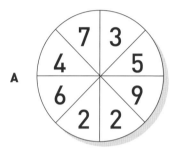

A

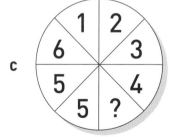

B

C

답: 194쪽

A~C 중 거울에 반사된 이미지가 서로 다른 그림은 무엇일까?

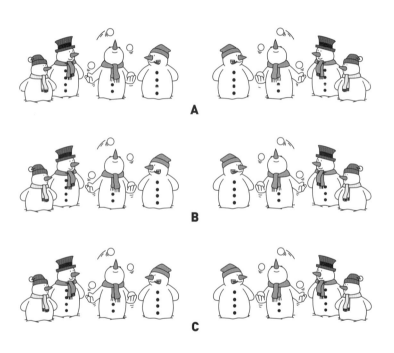

A

B

C

답: 194쪽

네모 칸에 들어갈 숫자는 무엇일까?

8, 12, 18, 27, 40.5, □ ···

답: 194쪽

PUZZLE
085

네 개의 조각으로 직사각형을 만들고, 필요 없는 한 조각을 찾아보라.

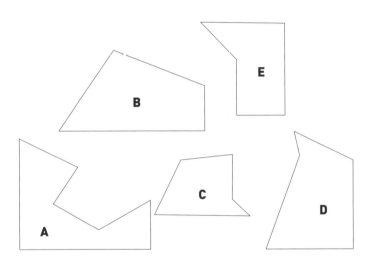

각 도형이 나타내는 숫자를 유추하여 물음표에 들어갈 숫자를 찾아
보라.

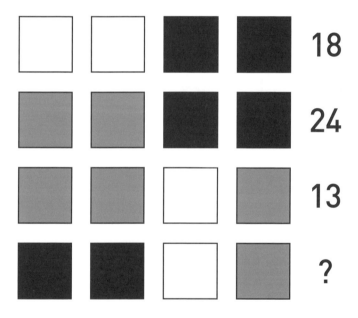

답: 195쪽

A~E 중 다른 그림 하나는 무엇일까?

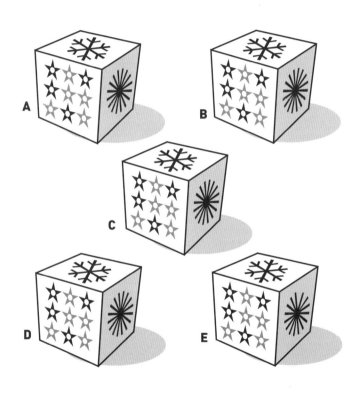

답: 196쪽

빈칸에 공통으로 들어갈 그림은 무엇일까?

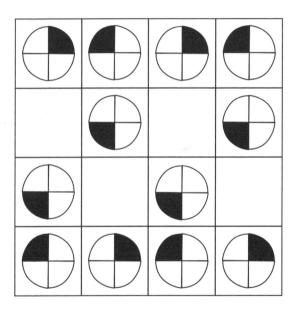

답: 196쪽

PUZZLE 089

물음표에 들어갈 숫자는 무엇일까?

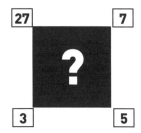

답: 197쪽

알파벳으로 채운 낱말 판에서 다음의 단어를 찾아보라. 단어는 역으로도 가능하며 가로, 세로, 대각선 어느 방향으로도 놓일 수 있다.

FORENSIC SCIENCE
EVIDENCE
CLUES
CULPABILITY
POLICE

CRIME SCENE
MAGNIFYING GLASS
DNA TESTING
INVESTIGATION
COURT

ARREST
FOOTPRINTS
WEAPON
SUSPECT
FINGERPRINTS

S	S	A	L	G	G	N	I	Y	F	I	N	G	A	M	L	A
T	A	P	P	O	R	S	L	U	N	K	M	U	R	F	R	Y
N	F	O	O	T	P	R	I	N	T	S	C	A	N	R	T	I
I	F	A	N	I	W	U	N	O	R	E	B	L	E	O	N	P
R	U	O	N	F	R	A	S	C	A	U	L	S	C	R	I	O
P	M	I	R	N	A	L	P	E	R	L	T	P	I	T	R	L
R	A	T	O	E	V	I	D	E	N	C	E	R	D	E	T	I
E	E	C	T	I	N	V	E	N	E	C	S	E	M	I	R	C
G	S	W	T	A	T	S	E	A	K	P	I	O	C	L	E	E
N	I	N	V	E	S	T	I	G	A	T	I	O	N	T	E	A
I	M	H	W	A	S	E	O	C	Y	H	C	S	T	E	E	T
F	I	G	A	E	R	S	N	H	S	O	T	E	O	O	M	D
Y	T	I	L	I	B	A	P	L	U	C	F	O	P	Y	E	N
R	O	L	D	T	Y	A	E	R	H	T	I	E	P	S	O	R
E	I	V	R	I	N	B	G	Y	I	T	A	E	W	A	U	G
Y	T	U	E	H	G	N	I	T	S	E	T	A	N	D	B	S
T	O	T	N	I	O	A	D	A	L	W	T	E	K	C	C	U
C	L	I	E	H	N	O	P	A	E	W	T	T	N	I	E	W

답: 197쪽

A~D 중 빈 부분에 들어갈 알맞은 패턴은 무엇일까?

답: 197쪽

물음표에 들어갈 숫자는 무엇일까?

답: 198쪽

네모 칸에 들어갈 숫자는 무엇일까?

□, 81, 54, 36, 24, 16

답: 199쪽

물음표에 들어갈 숫자는 무엇일까?

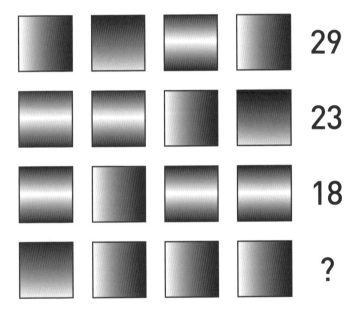

답: 199쪽

PUZZLE
095

그림에서 다른 부분 11곳을 찾아보라.

답: 200쪽

각 도형이 나타내는 숫자를 유추하여 물음표에 들어갈 숫자를 찾아
보라.

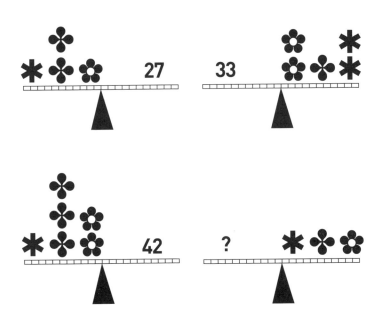

답: 201쪽

물음표에 들어갈 숫자는 무엇일까?

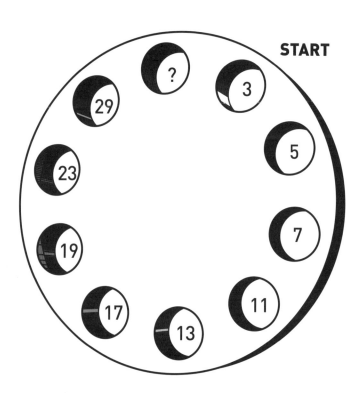

START

답: 202쪽

숫자 판에서 가로, 세로, 대각선의 합이 각각 38인 부분을 찾아보라.
단, 가로·세로는 네 칸씩으로 구성된다.

2	5	10	14	2	5	10	14	2	5	10	14	2
6	17	13	9	6	17	13	9	6	17	11	9	6
14	2	13	9	14	2	13	9	14	2	13	9	14
10	16	7	4	11	16	7	4	11	16	7	4	10
15	3	8	12	15	3	8	12	15	3	8	12	15
17	5	10	6	17	5	10	6	17	5	11	6	17
3	15	8	12	3	15	8	12	3	15	8	12	3
14	2	7	9	14	2	13	9	14	2	13	9	14
4	16	13	11	4	16	7	11	4	16	7	13	4
3	15	8	12	3	15	8	12	3	15	8	12	3
10	5	10	6	17	5	10	6	17	5	17	6	10

답: 202쪽

물음표에 들어갈 숫자는 무엇일까?

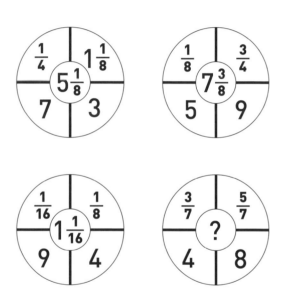

답: 203쪽

검은 점에는 몇 개의 타원이 겹쳐져 있을까?

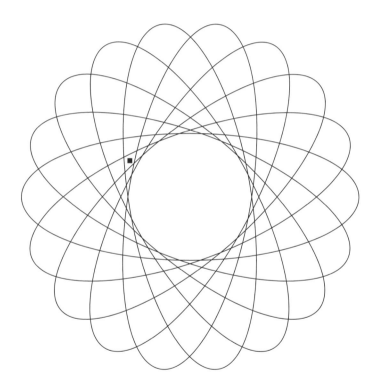

답: 204쪽

네모 칸에 들어갈 숫자는 무엇일까?

1, 1, 2, 4, 7, 13, 24, ☐ ···

답: 204쪽

물음표에 들어갈 숫자는 무엇일까?

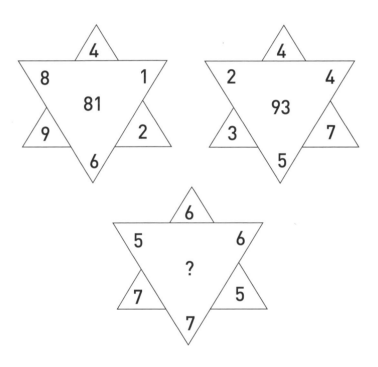

답: 204쪽

각 도형이 나타내는 최소의 자연수를 유추하여 물음표에 들어갈 숫자를 찾아보라.

답: 205쪽

조각들을 직사각형으로 맞추어보라.

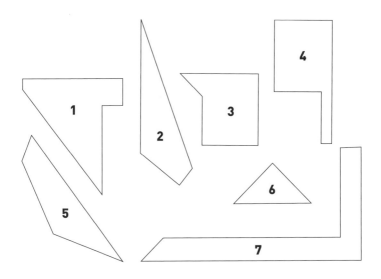

답: 206쪽

A~D 중 굵은 테두리의 빈 부분에 들어갈 알맞은 패턴은 무엇일까?

A   B   C   D

〈그림 1〉이 〈그림 2〉로 바뀐다면, 〈그림 3〉은 A~D 중 어느 그림으로 바뀔 수 있을까?

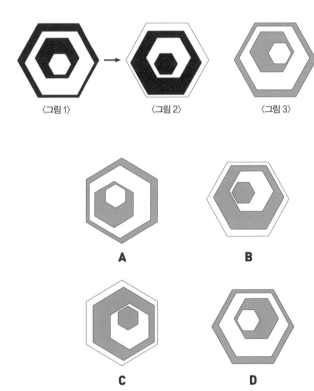

〈그림 1〉   〈그림 2〉   〈그림 3〉   →❓

A

B

C

D

답: 206쪽

숫자 하나를 생각한 뒤 그 숫자에 2를 곱하고, 그 값을 4로 나눈다.
그 값을 제곱하여 4를 뺀 뒤 다시 10으로 나누었더니 6이 나왔다. 처
음에 생각했던 숫자는 무엇일까?

답: 206쪽

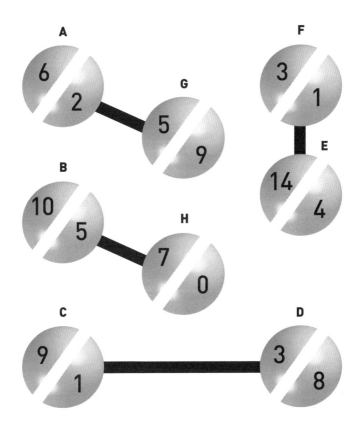

막대로 연결된 A-G, B-H, C-D, F-E 중 나머지와 다른 한쌍은?

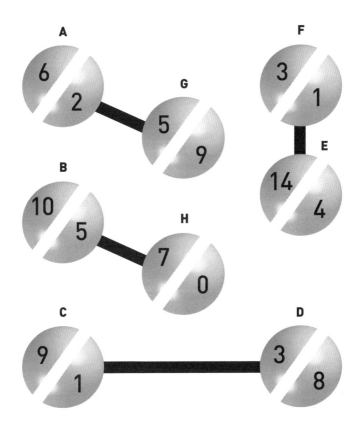

PUZZLE 109

물음표에 들어갈 숫자는 무엇일까?

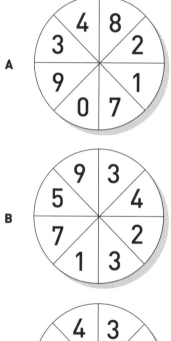

답: 207쪽

두 개씩 짝지어진 숫자카드를 다음의 큰 사각형 안에 배열해서 가로, 세로, 대각선의 합이 각각 40이 되도록 만들어보라. 단, 숫자카드는 가로·세로를 변형하거나, 각각의 순서를 바꾸지 않아야 한다.

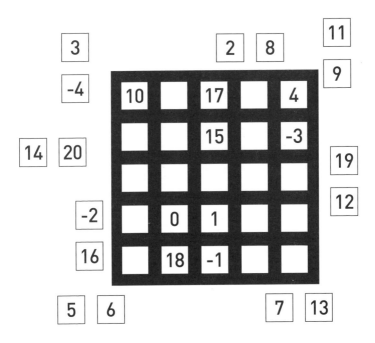

답: 207쪽

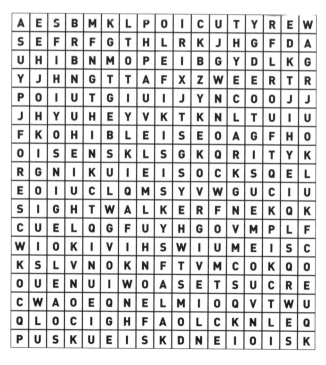

PUZZLE 111

알파벳으로 채운 낱말 판에서 다음의 단어를 찾아보아라. 단어는 역으로도 가능하며 가로, 세로, 대각선 어느 방향으로도 놓일 수 있다. 단어 중간에서 가로, 세로, 대각선으로 꺾여 이어질 수도 있다.

INTELLIGENCE   MEMORY   CREATIVITY
THINKING   CLARITY   FORESIGHT
HEAD   PLANNING   IMAGINATION
INTROSPECTION

A	E	S	B	M	K	L	P	O	I	C	U	T	Y	R	E	W
S	E	F	R	F	G	T	H	L	R	K	J	H	G	F	D	A
U	H	I	B	N	M	O	P	E	I	B	G	Y	D	L	K	G
Y	J	H	N	G	T	T	A	F	X	Z	W	E	E	R	T	R
P	O	I	U	T	G	I	U	I	J	Y	N	C	O	O	J	J
J	H	Y	U	H	E	Y	V	K	T	K	N	L	T	U	I	U
F	K	O	H	I	B	L	E	I	S	E	O	A	G	F	H	O
O	I	S	E	N	S	K	L	S	G	K	Q	R	I	T	Y	K
R	G	N	I	K	U	I	E	I	S	O	C	K	S	Q	E	L
E	O	I	U	C	L	Q	M	S	Y	V	W	G	U	C	I	U
S	I	G	H	T	W	A	L	K	E	R	F	N	E	K	Q	K
C	U	E	L	Q	G	F	U	Y	H	G	O	V	M	P	L	F
W	I	O	K	I	V	I	H	S	W	I	U	M	E	I	S	C
K	S	L	V	N	O	K	N	F	T	V	M	C	O	K	Q	O
O	U	E	N	U	I	W	O	A	S	E	T	S	U	C	R	E
C	W	A	O	E	Q	N	E	L	M	I	O	Q	V	T	W	U
Q	L	O	C	I	G	H	F	A	O	L	C	K	N	L	E	Q
P	U	S	K	U	E	I	S	K	D	N	E	I	O	I	S	K

답: 208쪽

PUZZLE 112

물음표에 들어갈 숫자는 무엇일까?

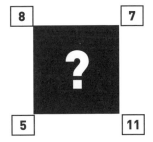

답: 208쪽

물음표에 들어갈 숫자는 무엇일까?

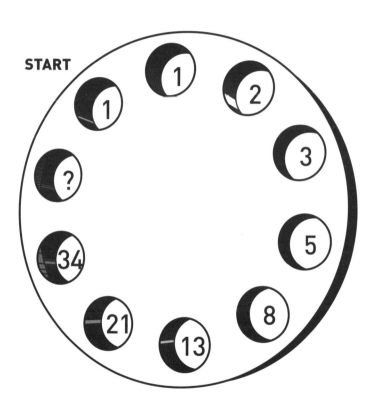

답: 208쪽

각 도형이 나타내는 숫자를 유추하여 물음표에 들어갈 숫자를 찾아
보라.

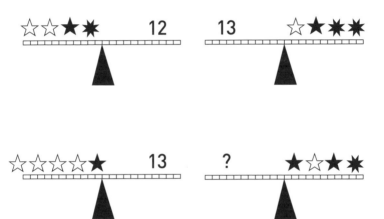

답: 209쪽

숫자 하나를 생각한 뒤 그 숫자에 2를 곱하고, 8을 뺀 뒤 다시 5로 나누었다. 그 값을 제곱하여 100에서 그 값을 뺀 뒤 다시 8로 나누었더니 8이 나왔다. 처음에 생각했던 숫자는 무엇일까?

답: 210쪽

각 도형이 나타내는 숫자를 유추하여 물음표에 들어갈 숫자를 찾아
보아라.

답: 211쪽

숫자판에서 가로, 세로, 대각선의 합이 각각 20인 부분을 찾아보라.
단, 가로·세로는 다섯 칸씩으로 구성된다.

3	2	9	3	1	9	5	2	5	2	1	9	3	5	1	3	2	9
9	5	2	2	9	5	3	1	1	5	3	2	9	1	3	9	5	2
5	3	1	3	1	9	5	2	2	9	5	3	1	2	9	5	3	1
9	5	2	5	2	1	9	3	3	1	9	5	2	3	1	3	9	2
2	1	5	3	9	2	1	5	1	3	9	5	2	3	9	2	1	5
3	2	9	5	1	3	2	9	3	9	2	5	1	5	1	3	2	9
5	3	1	9	2	5	3	1	5	1	3	9	2	9	2	5	3	1
9	5	2	1	3	9	5	2	9	2	5	1	3	1	3	9	5	2
1	9	3	2	5	1	9	3	1	3	9	2	5	2	5	1	9	3
2	1	5	2	9	5	3	1	2	5	1	3	9	3	9	2	1	5
3	2	9	3	1	9	5	2	5	2	1	9	3	5	1	3	2	9
5	3	1	5	2	1	9	3	9	3	2	1	5	9	2	5	3	1
9	5	2	2	9	5	3	1	1	5	3	2	9	1	3	9	5	2
5	3	1	3	1	9	5	2	2	9	5	3	1	2	9	5	3	1
9	5	2	5	2	1	9	3	3	1	9	5	2	3	1	3	9	2
1	9	3	1	3	9	5	2	5	2	5	2	1	9	3	1	9	3

답: 212쪽

A~D 중 빈 부분에 들어갈 알맞은 패턴은 무엇일까?

A   B   C   D

답: 213쪽

〈그림 1〉이 〈그림 2〉로 바뀐다면, 〈그림 3〉은 A~D 중 어느 그림으로 바뀔 수 있을까?

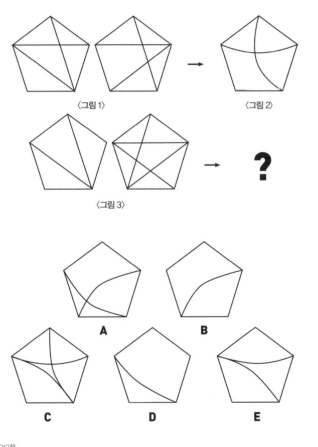

답: 213쪽

낱말 판에서 'BANANA'라고 적힌 부분을 찾아보라. 단, 'BANA
NA'는 한 번만 쓰여 있으며, 가로, 세로, 대각선 어느 방향으로든 놓
일 수 있다.

```
B A B A N A N B A N B N A N B A
N N N A B A A A B A N N A A N
A N A B N N B B A N B A N N N A
N A B B A N N N A N A B A B N B
A N A N B A A A A N A B A B A A
B A N A B N A B A A N A A N
A A A A B A N A A B A N B A N A
N A A B A N A N B A N B A B A B
A N A N B N B N A B A A N A N A
B A N A A N A A B A A N A N N
N B B N N N A N A N A N B A N A
A A N A A B A A N N A A B B A B
B N A B A N A B A B N A N A N A
A B N A B A N B A B N A N B A N
N A A B A N A A A A N A B A B N A
A N A N B A B N B A N A N B A N
```

답: 213쪽

전개도를 접으면 A~E 중 어떤 상자가 될까?

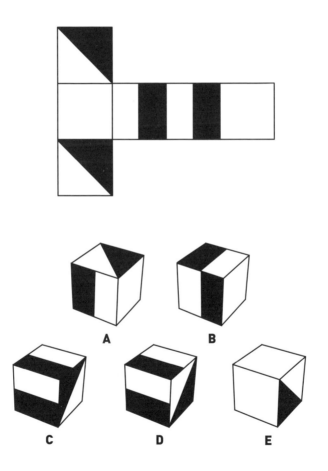

A

B

C

D

E

답: 213쪽

A~E 중 다른 그림 하나는 무엇일까?

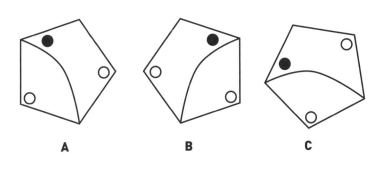

A **B** **C**

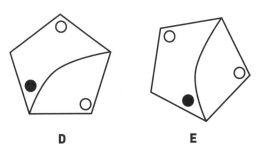

D **E**

답: 214쪽

도형 7개로 알파벳 하나를 만들어보라.

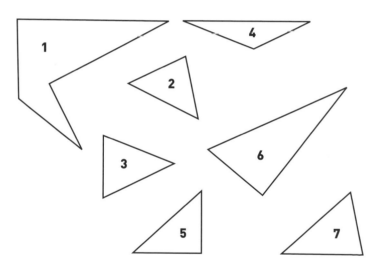

답: 214쪽

A~E 중 물음표에 들어갈 그림은 무엇일까?

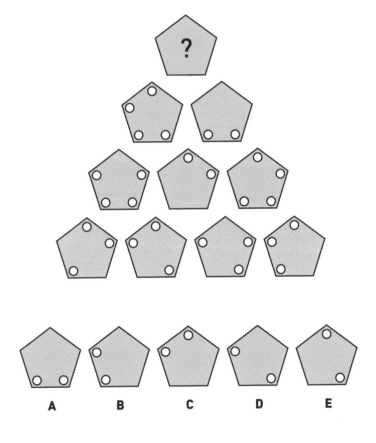

A~E 중 다른 그림 하나는 무엇일까?

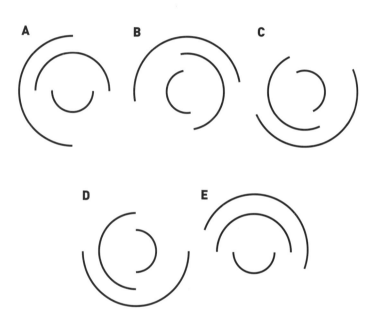

답: 214쪽

마지막 시계에 분침을 그려넣어라.

답: 215쪽

A~I 중 다른 그림 하나는 무엇일까?

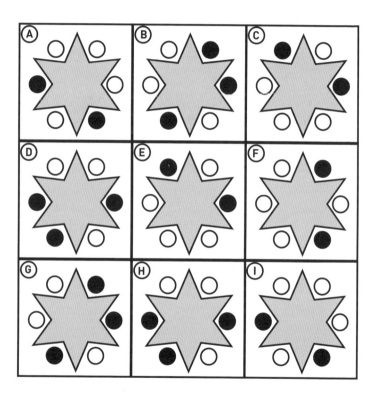

답: 215쪽

A~E 중 물음표에 들어갈 주사위는 무엇일까?

    ?

답: 215쪽

A~E 중 물음표에 들어갈 그림은 무엇일까?

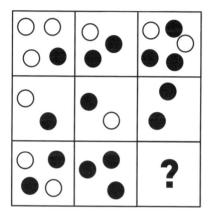

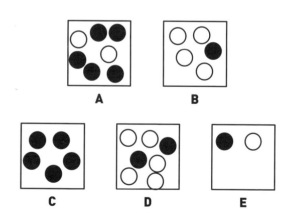

답: 215쪽

물음표에 들어갈 숫자는 무엇일까?

			44					42	
					74				
		29							
	16						63		
	12		23				33		
					63				31
				52			?		
							83		
			42			24			
		38							

A~E 중 물음표에 들어갈 그림은 무엇일까?

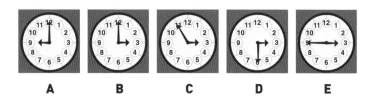

답: 216쪽

완전한 원을 만들기 위해서는 A~E 중 어느 그림이 필요할까?

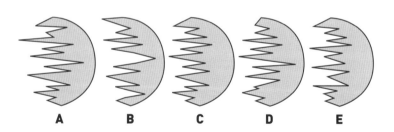

A   B   C   D   E

답: 216쪽

PUZZLE
133

1A에서 3C까지의 그림 중 다른 그림 하나는 무엇일까?

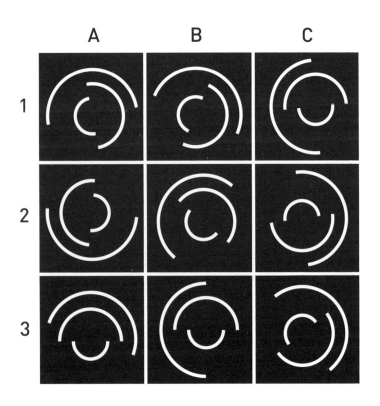

답: 216쪽

144

각각의 물음표에 들어갈 숫자는 무엇일까?

12	18	27	14
41	39	32	30
62	73	69	80
?	?	?	?

답: 216쪽

A~E 중 물음표에 들어갈 그림은 무엇일까?

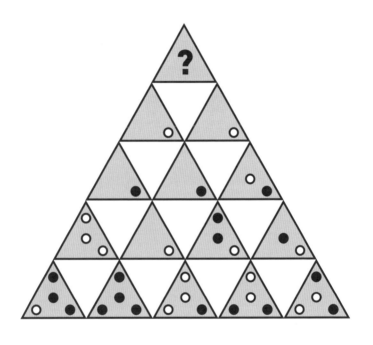

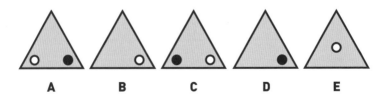

A   B   C   D   E

답: 217쪽

네 번째 시계에 시침을 그려넣어라.

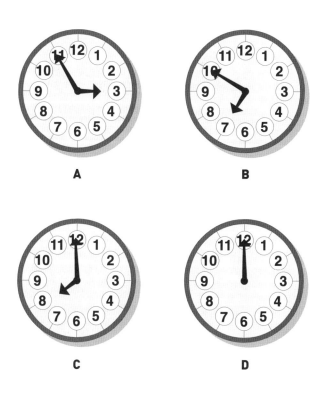

A

B

C

D

답: 217쪽

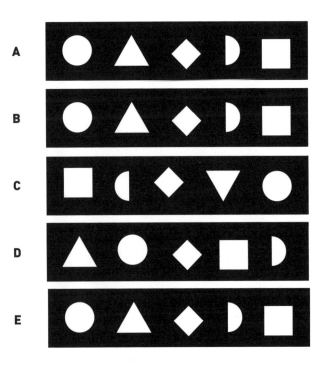

A~E 중 다른 그림 하나는 무엇일까?

A

B

C

D

E

답: 217쪽

이틀 전의 사흘 후에 하루가 지난 화요일의 다음 날은 무슨 요일일까?

SUNDAY
MONDAY
TUESDAY
WEDNESDAY
THURSDAY
FRIDAY
SATURDAY

답: 217쪽

PUZZLE
139

A~E 중 물음표에 들어갈 그림은 무엇일까?

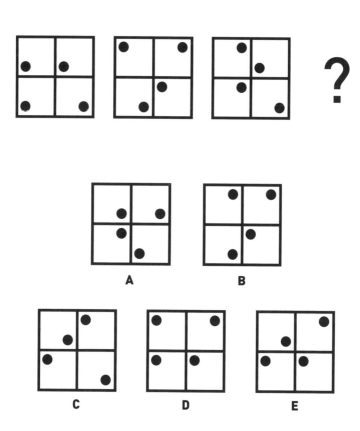

A

B

C

D

E

답: 217쪽

A~E 중 다른 그림 하나는 무엇일까?

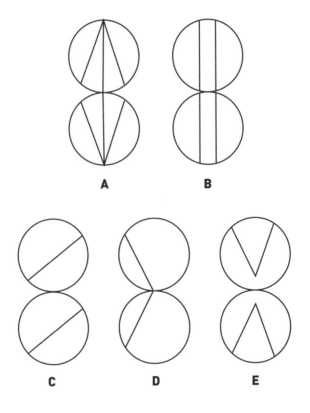

A　　B

C　　D　　E

답: 218쪽

A~E 중 다른 그림 하나는 무엇일까?

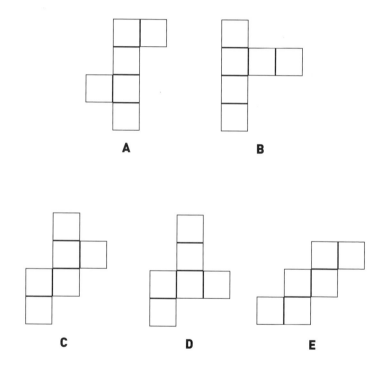

A

B

C

D

E

답: 218쪽

물음표에 들어갈 숫자는 무엇일까?

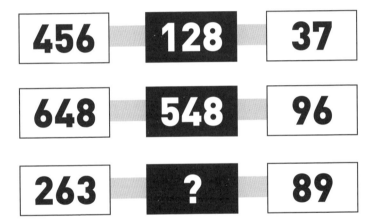

456	128	37
648	548	96
263	?	89

답: 218쪽

낱말 판에서 'OHIO'라고 적힌 부분을 찾아보라. 단, 'OHIO'는 한 번
만 쓰여 있으며, 가로, 세로, 대각선 어느 방향으로든 놓일 수 있다.

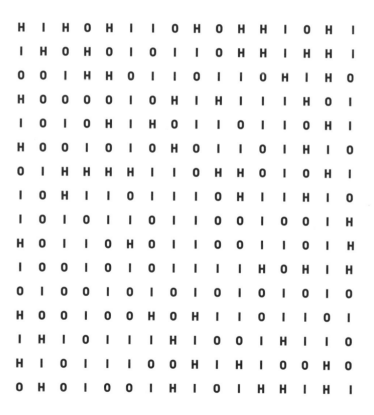

답: 218쪽

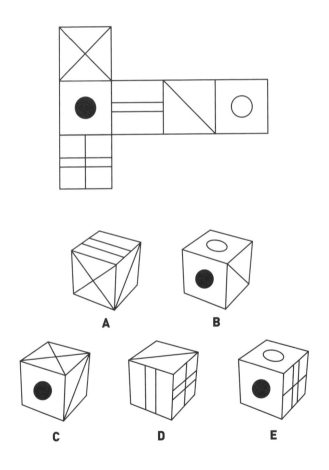

전개도를 접으면 A~E 중 어느 상자가 될까?

A

B

C

D

E

답: 219쪽

A~G 중 다른 그림 하나는 무엇일까?

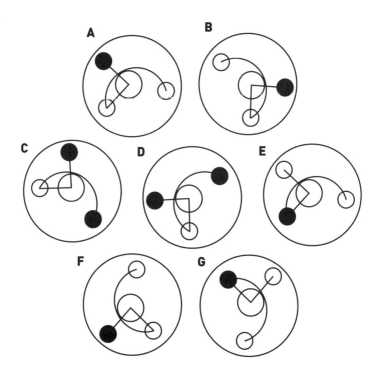

답: 219쪽

156

물음표에 들어갈 동그라미는 몇 개일까?

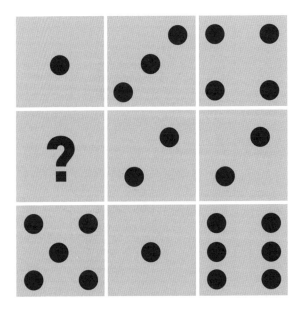

답: 219쪽

PUZZLE 147

1A에서 3C에 이르는 9개의 그림은 A, B, C와 1, 2, 3의 도형을 서로
결합시켜 놓은 것이다. 예를 들어, 2B는 그림 2와 그림 B가 결합한
것이다. 9개의 그림 중에서 틀린 그림 하나는 무엇일까?

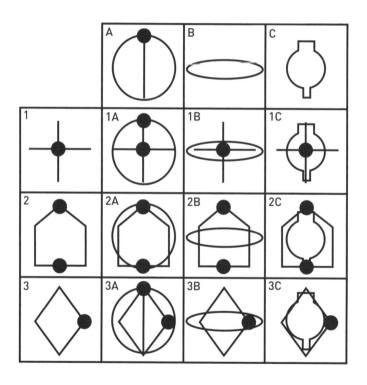

답: 219쪽

물음표에 들어갈 병은 어떤 모양일까?

답: 219쪽

그림에는 모두 몇 개의 원이 있을까?

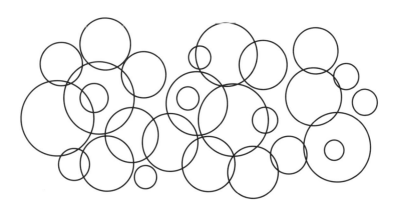

답: 219쪽

물음표에 들어갈 숫자는 무엇일까? 단, 정답은 20을 넘지 않는다.

12	4	8	6
6	4	5	15
2	5	17	?
4	13	4	2

답: 220쪽

물음표에 들어갈 그림은 무엇일까?

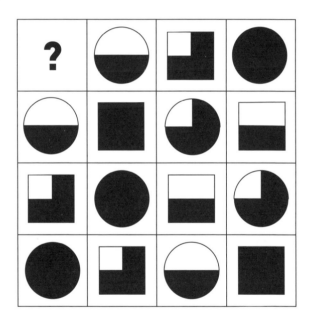

답: 220쪽

A~D의 옥수수자루 무게는 각각 얼마일까?

A

56파운드 + 자체 무게의 $\frac{1}{2}$

B

54파운드 + 자체 무게의 $\frac{1}{3}$

C

60파운드 + 자체 무게의 $\frac{1}{4}$

D

64파운드 + 자체 무게의 $\frac{1}{5}$

답: 220쪽

물음표에 들어갈 숫자는 무엇일까?

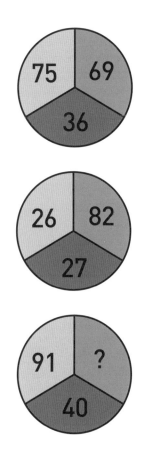

답: 221쪽

ANSWER
해답

PUZZLE 001

D

빈 부분의 첫 번째 열에 반복되는 패턴은 회색, 두 번째와 세 번째 열에서 반복되는 패턴은 검은색이다.

PUZZLE 002

13

원 안에 있는 숫자 중 오른쪽 아래 칸에 있는 숫자는 나머지 세 칸에 있는 숫자의 합이다. 즉, 1＋3＋5＝9, 6＋1＋5＝12, 4＋6＋5＝15이므로 2＋6＋5＝13이다.

PUZZLE 003

A

노형의 농도와는 상관없이 바깥 원 중에서 가장 많은 수의 도형이 가운데 원에 온다. 네 번째 그림에서 가장 많은 도형은 별 모양이므로 A가 답이다.

PUZZLE 004

S

각 알파벳은 요일에 대한 약자이다. 순서대로 tuesday, wednesday, thursday, friday, saturday이므로 물음표에는 s(sunday)가 들어가야 한다.

PUZZLE 005

B

PUZZLE 006

7

31일이 있는 달은 1월, 3월, 5월, 7월, 8월, 10월, 12월 모두 7개이다.

15

원 안의 숫자들은 모두 홀수이다. 1과 9부터 시작하여 각각 2칸씩 건너뛰며 2씩 증가한다. 즉, 1→3→5→7, 9→11→13→15와 같다.

 정답은 아래 그림과 같다.

30	39	48	1	10	19	28
38	47	7	9	18	27	29
46	6	8	17	26	35	37
5	14	16	25	34	36	45
13	15	24	33	42	44	4
21	23	32	41	43	3	12
22	31	40	49	2	11	20

 Yugoslavia, Australia, Scotland, Russia, Honduras, South Africa, Germany, Barbados

 4

각 숫자는 원이 겹쳐져 있는 개수를 의미한다. 물음표에는 4개의 원이 겹쳐져 있으므로 답은 4이다.

 25

역삼각형 위에 있는 두 수를 곱한 값에서 역삼각형 아래에 있는 숫자를 뺀 값이 가운데 수이다.

즉, $(6 \times 5)-2=28$, $(7 \times 2)-9=5$, $(3 \times 2)-3=3$이므로 $(9 \times 3)-2=25$이다.

PUZZLE 012

알파벳 26자가 모두 한 번씩 쓰였다.

PUZZLE 013

첫 번째 선의 위 끝부분과 열 번째 선 아래 끝부분을 이어서 사선으로 자른다. 그런 다음 윗부분 선들을 왼쪽으로 옮겨 붙이면 9개로 변한다.

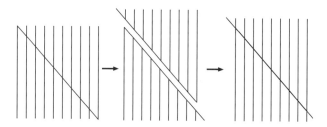

PUZZLE 014

5 : 45

A 시계에서부터 각각 35분씩 늦어지고 있으므로 5시 45분이 답이다.

PUZZLE 015

E

도형의 규칙성을 찾아내야 한다. 문제에서는 가로줄 하나 위에 순서대로 검은 원이 하나씩 증가하고 있다. 보기 A~F는 공통적으로 가로줄을 2개씩 포함한다. 물음표에 들어갈 그림은 가로줄 2개를 기본으로 한다는 의미다.

그렇다면 논리적으로 볼 때 물음표에는 가로줄 2개만 있는 E가 들어가야 한다. 가로줄 하나는 숫자로 치환했을 때 5 역할을 하고, 검은 원 하나는 1 역할을 한다. 주어진 문제는 5-6-7-8-9-10의 순서를 지니는 셈이다. 정답을 F로 착각할 수도 있다. 막연히 가로줄과 검은 원의 수를 모두 세어 1-2-3-4-5-6의 배열이라고 볼 수도 있기 때문이다. 하지만 이는 도형의 규칙적 배열에 위배되는 함정이다.

119
각각의 공 안에 있는 세 숫자를 더한 수는 7이다. 그러나 119는 1+1+9=11이므로 다른 숫자와 다르다.

x, +, −

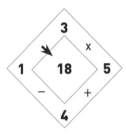

E
어릿광대의 넥타이 매듭 부분 아래에 흰 점 하나가 빠져 있다.

A
〈그림 2〉는 〈그림 1〉이 좌우 반전한 모양이다. 〈그림 3〉을 이와 같이 반전하면 A가 된다.

B

〈그림 1〉에서 〈그림 4〉는 각 단계마다 두 가지씩 변화한다. 〈그림 4〉에서 두 가지가 변한 그림은 B이다.

 정답은 아래 그림과 같다.

15	16	22	3	9
8	14	20	21	2
1	7	13	19	25
24	5	6	12	18
17	23	4	10	11

 제일 아랫줄 오른쪽에서 다섯 번째 칸

각각의 가로줄마다 첫 번째 검은 점이 위치한 자리와 두 번째 검은 점이 위치한 자리를 합한 숫자가 세 번째 검은 점이 오는 자리다. 예를 들어, 제일 윗줄 첫 번째 점은 오른쪽으로 2칸, 두 번째 점은 오른쪽으로 6칸이므로 세 번째 점은 2+6=8이므로 8번째 칸에 위치한다. 따라서 제일 아랫줄 첫 번째 점은 오른쪽으로 5칸, 두 번째 점은 오른쪽으로 8칸이고 5+8=13이므로 13번째 칸에 찍혀야 한다.

정답은 다음 그림과 같다.

			D	R	E	A	M	S			
		B									
			E				B				
				L		E					E
				L	E		B				R
					S		I				I
			F				R				F
				I			D				
			S				S				
		H			P					B	
	E					E			O		
S							E			N	
							L	E			
								S			
		E	G	G	S						

PUZZLE
024

2

A~D까지 각 숫자의 합은 순서대로 A부터 D까지 4씩 증가하고 있다. 즉, A는 2+4+6+1+3+1=17, B는 3+4+7+2+1+4=21, C는 6+2+8+5+4+0=25이다. 그러므로 D에 있는 숫자의 합이 29가 되려면 물음표에는 2가 들어가야 한다.

PUZZLE
025

4

각 도형에 적힌 5개의 숫자를 더하면 A는 2+6+1+6+3=18, C는 7+10+2+8+3=30, D는 6+12+8+8+2=36이다. A부터 D까지 서로 6씩 차이가 나므로 B의 합은 24가 되어야 한다. 그러므로 답은 4이다.

D

D 안에는 ✛이 하나 더 들어 있다.

 상자에서 카드를 꺼내는 순간 먹어버린다.

사람들에게 상자 안에 든 카드를 확인해보라고 하면 상자 안에는 'NO'라고 적힌 카드가 있을 것이다. 그러면 결과적으로 당신이 먹은 카드는 'YES' 카드가 되므로 당신은 임원이 될 수 있다.

 7

긱 도형에서 제일 아래 있는 두 숫자를 곱한 다음, 시계 반대 방향으로 3개의 숫자를 더하면 두 자릿수로 된 답이 나온다. 가운데 줄의 첫 번째 원에는 답의 십의 자릿수가 들어가고, 두 번째 원에는 답의 일의 자릿수가 들어간다. 즉, A는 $(3 \times 7) + 4 + 5 + 6 = 36$, B는 $(4 \times 6) + 2 + 3 + 8 = 37$이므로 C는 $(8 \times 2) + 1 + 5 + 5 = 27$이므로 물음표에 들어갈 숫자는 7이다.

왼쪽에 있는 시계의 시침과 분침이 가리키는 숫자를 더하면 오른쪽 시계의 분침과 시침이 가리키는 두 자릿수가 된다. 즉, 순서대로 8+9=17, 7+6=13, 12+4=16이다. 11+5=16이므로 분침은 1, 시침은 6을 가리켜야 한다.

 C

172

코르크 마개를 병 속으로 밀어 넣은 뒤 병을 흔들어 동전을 빼낸다.

 7

각 원에서 가운데 가로선을 기준으로 위쪽 네 개 숫자의 합은 아래쪽 네 개 숫자의 합과 같다. 즉, 1+6+3+5=4+0+9+2, 5+8+2+4= 6+7+5+1이다. 그러므로 3+7+2+9=5+4+?+5이므로 답은 7 이다.

 B

각 도형은 한 줄 아래에서 오른쪽으로 네 번째 칸마다 반복된다.

 XIV + XVII = XXXI

14+17=31이 되면 옳은 수식이므로 XIIV에서 I를 XXX 뒤로 옮기면 된다.

 17

먼저 각 바코드를 모양에 따라 기호화하면 아래와 같다.

A B C D 16
A A A B 23
D C D A 18
B D C D 13
20 16 17 ?

바코드 옆의 수는 해당 행이나 열의 네 바코드를 합한 수이다.

$$D + C + D + A = 18$$
$$- \mid A + B + C + D = 16$$
$$D - B = 2$$
$$D = B + 2$$

$$A + A + D + B = 20$$
$$2A + D + B = 20$$
$$2A + (B+2) + B = 20$$
$$2A + 2B + 2 = 20$$
$$2A + 2B = 18$$
$$A + B = 9$$
$$B = 9 - A$$

$$A + A + A + B = 23$$
$$3A + (9-A) = 23$$
$$2A + 9 = 23$$
$$2A = 14$$
$$\therefore A = 7$$

$$A = 7 \rightarrow B = 9 - A \qquad \therefore B = 2$$
$$D = B + 2 \qquad \therefore D = 4$$
$$A + B + C + D = 16 \quad \therefore C = 3$$

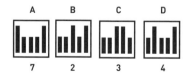

A	B	C	D
7	2	3	4

따라서 물음표에 해당하는 열의 바코드인 D + B + A + D = 17이다.

PUZZLE 036

17개

 PUZZLE 037

가로행에서 앞의 세 그림을 합하되 중복된 부분을 뺀 것이
네 번째 그림이다.

 PUZZLE 038

35

각각의 수는 12에서부터 내림차순으로 각 수의 제곱에서 1을 뺀 값이
다. 즉, $(12 \times 12)-1=143$, $(11 \times 11)-1=120$, $(10 \times 10)-1=99$, $(9 \times 9)-1=80$, $(8 \times 8)-1=63$, $(7 \times 7)-1=48$이므로 $(6 \times 6)-1=35$이다.

PUZZLE 039

정답은 아래 그림과 같다.

D

같은 그림이 회전하고 있는 A, B, C와는 다르게 D는 모양이 반전되어 있다.

 2

사각형 위에 있는 두 수를 더한 값에서 아래에 있는 두 수를 더한 값을 빼면 사각형 안에 있는 수가 나온다. 즉, (8+3)−(2+4)=5, (1+13)−(8+2)=4이므로 (4+9)−(5+6)=2이다.

 2

$\bigstar$=x   ●=y   ◆=z

위 왼쪽 그림에서
$2y + 2x + z = z + z + z$
$2y + 2x = 2z$
$x + y = z$

따라서 마지막 그림에서는
$(x+y)+2x+z = z+z+?$
$x+y+2x = z+?$
$z+2x = z+?$
$2x = ?$

∴ x는 2개가 있어야 한다.

메리는 등대지기다.
메리는 등대를 끄고 외출했고, 80명의 사람들은 항해하던 중 배가 암
초에 부딪혀 모두 익사하고 말았다.

정답은 아래 그림과 같다.

25	24	16	8	49	41	33
34	26	18	17	9	50	42
43	35	27	19	11	10	51
52	44	36	28	20	12	4
5	46	45	37	29	21	13
14	6	47	39	38	30	22
23	15	7	48	40	32	31

C
〈그림 2〉는 〈그림 1〉이 시계 반대 방향으로 90° 회전한 모양이다. 〈그림 3〉이 이와 같이 회전하면 C가 된다.

1, 5
〈풀이 1〉 왼쪽 첫 번째 숫자인 8부터 더해 나간다. 즉, 8+5=13에서 십의 자릿수 1을 버리면 다음 숫자는 3이 된다. 3+8=11에서 십의 자릿수 1을 버리면 다음 숫자는 1이 된다. 1+9=10에서 십의 자릿수 1을 버리면 0, 이런 식으로 반복하다 보면 마지막 7+4=11이므로 십의 자릿수 1을 버리면 1, 다시 4+1=5이므로 답은 1과 5가 된다.

〈풀이 2〉 왼쪽부터 첫 번째 세로줄을 모두 더하면 20, 두 번째 세로줄을 모두 더하면 25, 세 번째 세로줄을 모두 더하면 25, 네 번째 세로줄을 모두 더하면 20, 다섯 번째 세로줄을 모두 더하면 25, 이렇게 세로줄의 합이 20, 25, 25, 20, 25, 25, 20으로 반복된다. 그러므로 여덟 번째 세로줄의 합이 25가 되기 위해서는 마지막 숫자는 1이 되어야 하며, 아홉 번째 세로줄의 합이 25가 되기 위해서는 마지막 숫자는 5가 되어야 한다. 그러므로 답은 1과 5이다.

A

A의 ✳은 다른 것과 반대 방향이다.

정답은 아래 그림과 같다.

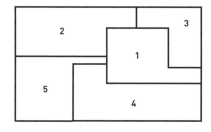

정답은 아래 그림과 같다.

16	3	2	13	15	10	3	6	41	15	14	4	12	8	7	1	12
5	10	11	8	4	5	16	9	9	7	6	12	5	11	10	8	5
9	6	7	12	14	11	2	13	16	3	2	13	15	10	3	6	5
41	15	14	4	12	8	7	1	5	10	11	8	4	5	16	9	15
16	3	2	13	15	10	3	6	15	10	16	2	3	13	16	2	3
5	10	11	8	4	5	16	9	4	5	5	11	10	8	5	11	10
9	6	7	12	14	11	2	13	14	11	9	7	6	12	9	7	6
41	15	14	4	12	8	7	1	12	8	4	14	15	1	14	15	1
9	7	6	12	5	11	10	8	5	11	10	3	6	41	15	14	4
4	14	15	1	9	7	6	12	9	7	5	16	9	9	7	6	12
12	8	13	13	4	14	15	1	4	14	11	2	13	16	3	2	13

C

각각의 알파벳은 도형이 겹쳐진 개수를 의미한다. 즉, A는 2개, B는 3개, C는 4개, D는 5개이다. 물음표가 있는 자리는 4개의 도형이 겹쳐져 있으므로 정답은 C이다.

E

공에 적힌 두 숫자를 합하면 E는 25인 반면, 나머지는 모두 27이다.

먼저 12개의 공을 6개씩 두 묶음으로 나누어 양팔저울로 무게를 잰다. 다시 무거운 쪽의 공 6개를 3개씩 두 묶음으로 나누어 양팔저울로 무게를 잰다. 마지막으로 무거운 쪽의 공 3개 중 두 개를 골라 양팔저울로 무게를 잰다. 이때 저울 위에 무거운 공이 있다면 그것이 답이고, 만약 저울이 수평을 이루면 올려놓지 않은 공이 답이다.

PUZZLE 053

정답은 아래 그림과 같다.

T				K	D	N	A	H		T	H	G	I	T
R		T	R	E						S				D
O				R			S							R
U			K	C		S	E	O	H		L	O	V	E	R
S	E	R	S	H				E		L			S	S
					S					U	R		
C	O	T	S	E	H			T		P	A		
K				F		R	T				E		
I	W	A					H				W		
N		S			E		A	T		R		
G		T			S			E		E	D	N	U
S		C	K	U			R			
		O	N	O	L	B		E		
		A		I					
		T	C	B	R	A	S	S		
	S		K			C	K	S	
	R	S	R	E			O	
	E	D	N	E	P	S	U	S		S

PUZZLE 054

4

각각의 수에서 각 자리의 수를 모두 더한 값이 13이다. 즉,
1+6+5+1=13, 2+5+3+3=13 … 이므로 1+7+1+0+□에서 네모
안에 들어갈 숫자는 4이다.

PUZZLE 055

A

입술 아래에 있는 검은 부분이 반전되어 있지 않다.

14

$+ = x$ $\cdot\cdot = y$ $\circledast = z$

$x + y + y + y = 11$
$y + x + x + z = 15$
$z + x + y + z = 13$
$x + z + z + z = ?$

$x + 3y = 11$
$2x + y + z = 15$
$x + y + 2z = 13$
$x + 3z = ?$

$x + 3y = 11$
$x = 11 - 3y$

$x + y + 2z = 13$
$11 - 3y + y + 2z = 13$
$2z - 2y = 13 - 11$
$2z - 2y = 2$
$z - y = 1$
$z = 1 + y$

$2x + y + z = 15$
$y + 2(11 - 3y) + z = 15$
$y + 22 - 6y + z = 15$

$-5y + z = 15 - 22$

$-5y + z = -7$

$-5y + 1 + y = -7$

$-4y = -7 - 1$

$4y = 8$

$\therefore y = 2$

$z = 1 + y$

$z = 1 + 2$

$\therefore z = 3$

$x = 11 - 3y$

$x = 11 - 6$

$\therefore x = 5$

 $= 5$ $= 2$ $= 3$

    $= x + 3z = 5 + 9 = 14$

PUZZLE 057

B

〈그림 2〉는 〈그림 1〉이 좌우 반전된 모양이다. A~D 중 〈그림 3〉이 반전된 모양은 B이다.

PUZZLE 058

정답은 다음 그림과 같다.

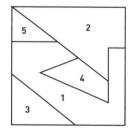

PUZZLE 059

C

각 도형은 한 줄 아래에서 오른쪽으로 네 번째 칸마다 반복된다.

PUZZLE 060

4

위에 있는 두 개의 수와 가운데 세 개의 수를 더한 값이 아래의 수이다.
즉, $(2+1)+(5+4+4)=16$, $(9+2)+(3+7+6)=27$이므로
$(3+5)+(1+?+9)=22$가 되려면 물음표에는 4가 들어가야 한다.

PUZZLE 061

15

$\bigcirc = x \qquad \bullet = y \qquad \bigcirc = z$

$x+y+y+y=23$
$y+x+x+x=13$
$x+y+z+z=17$
$z+x+x+y=?$

$x+3y=23$
$3x+y=13$
$x+y+2z=17$
$2x+y+z=?$

$\begin{array}{r} x+3y=23 \\ -\underline{|\,3x+y=13} \\ -2x+2y=10 \\ 2y=10+2x \end{array}$

$y = 5 + x$

$3x + y = 13$
$3x + (5 + x) = 13$
$4x = 8$
$\therefore x = 2$

$3x + y = 13$
$6 + y = 13$
$\therefore y = 7$

$x + y + 2z = 17$
$2 + 7 + 2z = 17$
$2z = 8$
$\therefore z = 4$

$\bigcirc = 2$ $\bullet = 7$ $\bigcirc = 4$
$\therefore 2x + y + z = 4 + 7 + 4 = 15$

A=3, B=3

각 숫자는 도형이 겹쳐진 개수에서 2를 뺀 값이다. A와 B는 각각 5개의 도형이 겹쳐져 있으므로, A와 B에 들어갈 숫자는 3이다.

44

첫 번째 수와 세 번째 수를 더하면 네 번째 수가 된다. 또한 두 번째 수와 네 번째 수를 더하면 다섯 번째 수가 된다. 즉, 97+209=306,

142+306=448, 209+448=657이다. 이와 같은 공식을 반복 적용하면 30034 +64510=94544가 된다. 그러므로 답은 44이다.

 A

A는 나머지 그림과 달리 반전되어 있다.

 18개

 9

$\text{✚}=x$ $\text{✣}=y$ $\text{✿}=z$

$x+y+y+z=23$
$x+x+z+z=10$
$y+z+z+z=18$
$x+x+z+x=?$

$x+2y+z=23$
$2x+2z=10$
$y+3z=18$
$3x+z=?$

$2x+2z=10$
$x+z=5$

$x = 5 - z$

$x + 2y + z = 23$
$5 - z + 2y + z = 23$
$5 + 2y = 23$
$2y = 18$
$\therefore y = 9$

$y + 3z = 18$
$9 + 3z = 18$
$3z = 9$
$\therefore z = 3$

$x + 2y + z = 23$
$x + 18 + 3 = 23$
$\therefore x = 2$

$\textbf{+} = 2$ $\clubsuit = 9$ $\maltese = 3$

$\boxed{+}\boxed{+}\boxed{\maltese}\boxed{+} = 3x + z = 6 + 3 = 9$

 PUZZLE 067

9

$\boldsymbol{\times} = x$ $\blacklozenge = y$ $\bullet = z$

$y + y + y = x + x + x + z$
$z + 2x + 2y = x + y + 2z$
$z + y + x = 2x + 2x + 2x$

$3y = 3x + z$

$x + y = z$

$z + y + x = 6x$

$z + z = 6x$

$2z = 6x$

$z = 3x$

$x = 1 \rightarrow z = 3 \rightarrow y = 2$

$x = 2 \rightarrow z = 6 \rightarrow y = 4$

$x = 3 \rightarrow z = 9 \rightarrow y = 6$

각 그림이 의미하는 최소의 자연수는 각각 $x = 1$, $z = 3$, $y = 2$이다.

즉, $= 1$ ◆ $= 2$ ● $= 3$

그러므로 $2z + y + x = 6 + 2 + 1 = 9$이다.

9

원 위쪽 네 개의 숫자를 더한 값은 아래 네 개의 숫자를 더한 값과 같다. 즉, $3+9+6+4=9+8+2+3$, $5+7+2+3=4+1+7+5$이므로 $3+3+9+8=7+2+?+5$가 되어야 한다. 따라서 물음표에 들어갈 숫자는 9이다.

정답은 아래 그림과 같다.

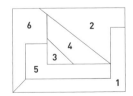

H
공 안의 두 수를 더하면 모두 소수인 반면, H는 소수가 아니다.

오른쪽에서 세 번째, 밑에서 두 번째 칸
검은 점들을 서로 이어보면 로마숫자와 수식을 나타내고 있음을 알 수 있다. 그림을 위·아래 두 부분으로 나누어보면 윗부분은 II+III=Ⅴ이고, 아랫부분은 Ⅴ−I=IV가 되어야 하므로 Ⅴ의 아래 꼭짓점 부분이 검은 점으로 바뀌어야 한다.

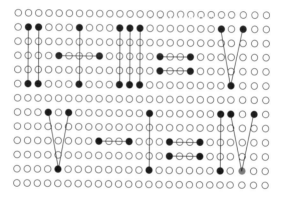

5
A와 B에 있는 수를 더하면 각각 30이 된다. C의 합이 30이 되려면 물음표에는 5가 들어가야 한다.

B

11

 =x   ○=y   ○=z

$2x + y + z = 19$
$3y + x = 8$
$3z + x = 29$
$z + 3y = ?$

$3y + x = 8$
$x = 8 - 3y$

$2x + y + z = 19$
$2(8 - 3y) + y + z = 19$
$16 - 6y + y + z = 19$
$-5y + z = 3$
$z = 3 + 5y$

$3z + x = 29$
$3(3 + 5y) + x = 29$
$9 + 15y + x = 29$
$15y + x = 20$
$x = 20 - 15y$

$3y + x = 8$
$3y + 20 - 15y = 8$
$-12y = -12$

$\therefore y = 1$

$3y + x = 8$
$3 + x = 8$
$\therefore x = 5$

$2x + y + z = 19$
$10 + 1 + z = 19$
$\therefore z = 8$

●$= 5$　○$= 1$　○$= 8$

$z + 3y = ?$
$8 + 3 = ?$
$\therefore ? = 11$

PUZZLE 075

23

▼$= x$　◆$= y$　■$= z$

$x + y + z + x = 21$
$z + z + x + y = 19$
$z + x + z + z = 18$
$y + x + x + x = ?$

$2x + y + z = 21$
$x + y + 2z = 19$

$x + 3z = 18$

$3x + y = ?$

$x + 3z = 18$

$x = 18 - 3z$

$x + y + 2z = 19$

$(18 - 3z) + y + 2z = 19$

$18 - z + y = 19$

$-z + y = 1$

$y = 1 + z$

$2x + y + z = 21$

$2x + (1 + z) + z = 21$

$2x + 2z = 20$

$x + z = 10$

$x = 10 - z$

$x + 3z = 18$

$(10 - z) + 3z = 18$

$2z = 8$

$\therefore z = 4$

$x + 3z = 18$

$x + 12 = 18$

$\therefore x = 6$

$2x+y+z=21$

$12+y+4=21$

$y=21-16$

$\therefore y=5$

$\blacktriangledown=6$　　$\blacklozenge=5$　　$\blacksquare=4$

$y+3x=?$

$5+18=?$

$\therefore ?=23$

PUZZLE 076

다른 부분 9개는 아래 그림과 같고, 10번째로 다른 점은 그림의 좌우가 바뀌어 있다는 점이다.

PUZZLE 077

62

각 수에 각 수의 일의 자릿수를 더한 값이 다음 수이다. 즉, 33에서 끝 자리 3을 더하면 36, 36+6=42, 42+2=44, 44+4=48, 48+8=56이 므로 56+6=62이다.

닻

 A

각 알파벳은 한 줄 아래에서 오른쪽으로 네 번째 칸마다 반복된다.

8개

✖ = x　　● = y　　◆ = z

$y + y + z + x = y + y + z + z + z$

$z + z + z = y + y + y + y$

$2z = x$

$3x = ?$

$x = 2z$

$3z = 4y$

$3x = 6z$

$6z = 8y$

$\therefore 3x = 8y$

따라서 균형을 이루려면 물음표에 ● 8개가 필요하다.

PUZZLE 081

D

알파벳은 도형이 겹쳐진 개수에 따라 표기한 것이다. 즉, A는 3개, B는 4개, C는 5개, D는 6개이며, 물음표에는 6개의 도형이 겹쳐져 있으므로 답은 D이다.

PUZZLE 082

8

가운데 세로선을 중심으로 좌우의 합이 같다. 즉, 7+4+6+2=3+5+9+2, 2+5+7+1=5+3+4+3이므로 1+6+5+5=2+3+4+?가 되려면 물음표에 들어갈 숫자는 8이다.

PUZZLE 083

B

B의 왼쪽 그림에서 두 번째 눈사람의 단추는 4개인데, 반전된 오른쪽 그림에서는 단추가 3개이다.

PUZZLE 084

60.75

첫 번째 수를 2로 나눈 값에 다시 첫 번째 수를 더한 값이 다음 수이다. 즉, (8÷2)+8=12, (12÷2)+12=18, (18÷2)+18=27, (27÷2)+27=45이므로 (40.5÷2)+40.5는 60.75이다.

PUZZLE 085

완성된 직사각형은 다음 그림과 같으며, 필요 없는 조각은 E이다.

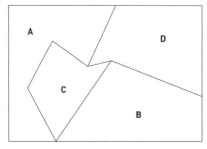

194

21

$\square = x$ ■$=y$ ■$=z$

$2x + 2y = 18$
$2z + 2y = 24$
$3z + x = 13$
$2y + x + z = ?$

$2x + 2y = 18$
$x + y = 9$
$x = 9 - y$

$3z + x = 13$
$3z + (9 - y) = 13$
$3z - y = 13 - 9$
$y = 3z - 4$

$2z + 2y = 24$
$2z + 2(3z - 4) = 24$
$2z + 6z - 8 = 24$
$8z = 24 + 8$
$\therefore z = 4$

$3z + x = 13$
$12 + x = 13$
$\therefore x = 1$

$$2x + 2y = 18$$
$$2 + 2y = 18$$
$$2y = 16$$
$$\therefore y = 8$$

$\square = 1$ $\blacksquare = 8$ $\blacksquare = 4$

$$2y + x + z = ?$$
$$\therefore 16 + 1 + 4 = 21$$

E

도형의 오른쪽 면에 있는 긴 막대의 개수가 모두 16개인 반면, E의 막대는 15개이므로 다른 그림은 E이다.

왼쪽 맨 위부터 출발해서 그림의 화살표 방향으로 진행하면서 4등분된 원 안의 검은 부분이 시계 방향으로 움직인다.

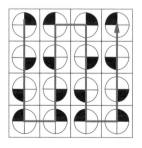

12

왼쪽 상단에 있는 수는 나머지 수의 합과 같다. 즉,
$21 = (3+8+5+5)$, $13 = (1+5+1+6)$, $17 = (1+9+3+4)$이므로
$27 = (7+5+3+?)$이 되어야 하므로 물음표에 들어갈 숫자는 12이다.

정답은 아래 그림과 같다.

S	S	A	L	G	G	N	I	Y	F	I	N	G	A	M		A
T															R	
N	F	O	O	T	P	R	I	N	T	S				R		
I		F								E			E			P
R		O								U		S				O
P			R							L	T					L
R			E	V	I	D	E	N	C	E						I
E				N		E	N	E	C	S	E	M	I	R	C
G					S											E
N	I	N	V	E	S	T	I	G	A	T	I	O	N			
I							C			C						
F								S			E					
Y	T	I	L	I	B	A	P	L	U	C		P				
			T							I			S			
		R										E		U		
	U			G	N	I	T	S	E	T	A	N	D		S	
O													C			
C				N	O	P	A	E	W					E		

B

그림판은 첫째 가로줄이 반복된다. 예를 들어, 첫째 줄에서 ✖ 모양을
기준으로 ✖❖◆☆…의 순서는 둘째 줄에서도 ✖의 위치만 바뀐 채 반
복되며, 이 규칙은 마지막 줄까지 해당된다. 이 규칙에 따라 도형을 유
추해보면 빈 부분에 들어갈 패턴은 B가 된다.

21

$\heartsuit = x$ $\spadesuit = y$ $\clubsuit = z$

$2x + 2y = 10$
$3x + y = 13$
$x + y + 2z = 23$
$3x + z = ?$

$2x + 2y = 10$
$x + y = 5$
$y = 5 - x$

$3x + y = 13$
$3x + (5 - x) = 13$
$2x = 8$
$\therefore x = 4$

$y = 5 - x$
$y = 5 - 4$
$\therefore y = 1$

$x + y + 2z = 23$
$4 + 1 + 2z = 23$
$2z = 23 - 5$
$2z = 18$
$\therefore z = 9$

$\heartsuit = 4$ $\spadesuit = 1$ $\clubsuit = 9$

$3x + z = ?$
$\therefore\ 12 + 9 = 21$

121.5

제일 오른쪽 숫자부터 먼저 나온 숫자를 2로 나눈 값에 다시 그 숫자를 더한 값이 다음 숫자이다.

즉, $(16 \div 2) + 16 = 24$, $(24 \div 2) + 24 = 36$, $(36 \div 2) + 36 = 54$, $(54 \div 2) + 54 = 81$이므로 $(81 \div 2) + 81 = 121.5$이다.

35

$\blacksquare = x$ $\blacksquare = y$ $\blacksquare = z$

$2x + y + z = 29$
$x + y + 2z = 23$
$x + 3z = 18$
$3x + y = ?$

$$2x + y + z = 29$$
$$-\ \underline{x + y + 2z = 23}$$
$$x - z = 6$$
$$x = 6 + z$$

$x + 3z = 18$
$(6 + z) + 3z = 18$

$4z = 18 - 6$

$4z = 12$

$\therefore z = 3$

$x + 3z = 18$

$x + 9 = 18$

$x = 18 - 9$

$\therefore x = 9$

$2x + y + z = 29$

$18 \mid y \mid 3 - 29$

$\therefore y = 8$

■ $= 9$　　■ $= 8$　　▨ $= 3$

$3x + y = ?$

$\therefore 27 + 8 = 35$

PUZZLE
095

다른 부분 10개는 아래 그림과 같고,
11번째로 다른 점은 그림의 좌우가
바뀌어 있다는 점이다.

200

20

$\ast = x$ $\clubsuit = y$ $\maltese = z$

$x + y + y + z = 27$
$z + z + y + x + x = 33$
$x + y + y + y + z + z = 42$
$x + y + z = ?$

$x + 2y + z = 27$
$2x + y + 2z = 33$
$x + 3y + 2z = 42$

$x + 2y + z = 27$
$-\ \underline{|\ x + 3y + 2z = 42}$
$-y - z = -15$
$y + z = 15$

$x + 2y + z = 27$
$2(x + 2y + z) = 2 \times 27$
$2x + 4y + 2z = 54$
$-\ \underline{|\ 2x + y + 2z = 33}$
$3y = 21$
$\therefore y = 7$

$y + z = 15$
$7 + z = 15$
$\therefore z = 8$

$x + 2y + z = 27$

$x + 14 + 8 = 27$

$\therefore x = 5$

$x + y + z = ?$

$\therefore 5 + 7 + 8 = 20$

✱ = 5   ♣ = 7   ✿ = 8

31

3에서부터 시세 방향으로 모든 수는 소수이다. 29 다음 차례의 소수는 31이다.

정답은 아래 그림과 같다.

2	5	10	14	2	5	10	14	2	5	10	14	2
6	17	13	9	6	17	13	9	6	17	11	9	6
14	2	13	9	14	2	13	9	14	2	13	9	14
10	16	7	4	11	16	7	4	11	16	7	4	10
15	3	8	12	15	3	8	12	15	3	8	12	15
17	5	10	6	17	5	10	6	17	5	11	6	17
3	15	8	12	3	15	8	12	3	15	8	12	3
14	2	7	9	14	2	13	9	14	2	13	9	14
4	16	13	11	4	16	7	11	4	16	7	13	4
3	15	8	12	3	15	8	12	3	15	8	12	3
10	5	10	6	17	5	10	6	17	5	17	6	10

$7\dfrac{3}{7}$

원의 가운데 세로선을 기준으로 원 안의 왼쪽 수와 오른쪽 수끼리 각각 곱한 다음 두 값을 합한 것이 가운데 동그라미 안의 숫자이다. 즉,

$$\left(\dfrac{1}{4}\times 7\right)+\left(1\dfrac{1}{8}\times 3\right)$$

$$=\dfrac{7}{4}+\dfrac{27}{8}$$

$$=\dfrac{41}{8}$$

$$\therefore 5\dfrac{1}{8}$$

$$\left(\dfrac{1}{8}\times 5\right)+\left(\dfrac{3}{4}\times 9\right)$$

$$=\dfrac{5}{8}+\dfrac{27}{4}$$

$$=\dfrac{5+54}{8}$$

$$=\dfrac{59}{8}$$

$$\therefore 7\dfrac{3}{8}$$

$$\left(\dfrac{1}{16}\times 9\right)+\left(\dfrac{1}{8}\times 4\right)$$

$$=\dfrac{9}{16}+\dfrac{4}{8}$$

$$=\frac{9+8}{16}$$

$$=\frac{17}{16}$$

$$\therefore 1\frac{1}{16}$$

$$\left(\frac{3}{7}\times 4\right)+\left(\frac{5}{7}\times 8\right)$$

$$=\frac{12}{7}+\frac{40}{7}$$

$$=\frac{52}{7}$$

$$\therefore 7\frac{3}{7}\ \text{이다.}$$

6개

44

앞의 숫자 세 개를 더한 값이 그 다음 숫자이다. 즉, 1+1+2=4, 1+2+4=7, 2+4+7=13, 4+7+13=24이므로 7+13+24=44이다.

189

밑에 깔린 삼각형의 수는 ∧순서로, 위에 있는 삼각형의 수는 ∨순서로 세 자릿수를 만들어 서로 뺀 값이 가운데 숫자이다. 즉, 942−861=81, 347−254=93이므로 765−576=189가 답이다.

12

$\boxed{\bigstar} = x$ $\qquad$ $\boxed{\text{☆}} = y$ $\qquad$ $\boxed{\bigstar} = z$

$x + x + y + z = 14$

$x + y + z + y = 10$

$y + z + y + y = 6$

$x + z + y + z = ?$

$2x + y + z = 14$

$x + 2y + z = 10$

$3y + z = 6$

$\begin{aligned} & 2x + y + z = 14 \\ - \; & x + 2y + z = 10 \\ \hline & x - y = 4 \end{aligned}$

$x = y + 4$

$y + 4 = x$

$y = 1 \rightarrow x = 5 \rightarrow z = 3 (\bigcirc)$

$y = 2 \rightarrow x = 6 \rightarrow z = 0 (\times)$

$y = 3 \rightarrow x = 7 \rightarrow z = -3 (\times)$

$x = 5, \; y = 1, \; z = 3$

$x + y + 2z = 5 + 1 + 6 = 12$

$\boxed{\bigstar} = 5$ $\qquad$ $\boxed{\text{☆}} = 1$ $\qquad$ $\boxed{\bigstar} = 3$

PUZZLE 104

정답은 아래 그림과 같다.

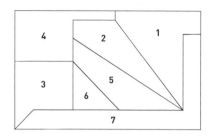

PUZZLE 105

B

그림판은 첫째 가로줄이 반복된다. 예를 들어, 첫째 줄에서 ♠모양을 기준으로 ♠ ▼ ■ ○…의 순서는 둘째 줄에서도 ♠의 위치만 바뀐 채 반복되며, 이 규칙은 마지막 줄까지 해당된다. 단, 중간중간 도형이 생략되기도 한다. 이 규칙에 따라 도형을 유추해보면 빈 부분에 들어갈 패턴은 B가 된다.

PUZZLE 106

B

〈그림 2〉는 〈그림 1〉이 좌우 반전된 후 흑백이 서로 바뀐 모양이다. A~D 중 〈그림 3〉이 이와 같이 바뀐 모양은 B이다.

PUZZLE 107

16

$$\frac{\left(\frac{2x}{4}\right)^2 - 4}{10} = 6$$

$$\left(\frac{2x}{4}\right)^2 - 4 = 60$$

$$\left(\frac{2x}{4}\right)^2 = 60 + 4$$

$$\left(\frac{2x}{4}\right)^2 = 64$$

$$\left(\frac{x}{2}\right)^2 = 8^2$$

$$\frac{x}{2} = 8$$

$$\therefore x = 16$$

그러므로 처음 생각했던 숫자는 16이다.

PUZZLE 108

C−D
A−G, B−H, E−F의 합은 22인 데 비해, C−D의 합은 21이다.

PUZZLE 109

3
원 안의 숫자를 모두 더한 값은 34이다. 즉, 4+8+2+1+7+0+9+3= 34, 9+3+4+2+3+1+7+5=34이다. 이에 따라 4+3+5+1+?+2+ 7+9=34이므로 물음표에 들어갈 숫자는 3이다.

PUZZLE 110

정답은 다음 그림과 같다.

10	11	17	-2	4
3	9	15	16	-3
-4	2	8	14	20
19	0	1	7	13
12	18	-1	5	6

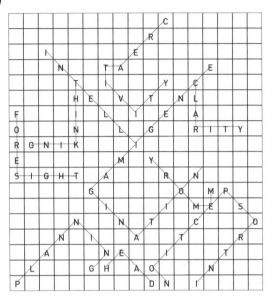

5

사각형의 왼쪽에 있는 숫자 두 개와 오른쪽에 있는 숫자 두 개를 더한 뒤 큰 수에서 작은 수를 뺀 값이 사각형 안에 있는 숫자다. 즉, (7+1)−(2+5)=1, (4+3)−(3+1)=3, (8+12)−(6+4)=10이므로 (7+11)−(8+5)=5이다.

55

시작점 1에서부터 두 번째 숫자를 더한 값이 세 번째 숫자이다. 즉, 1+1=2, 1+2=3, 2+3=5, 3+5=8, 5+8=13, 8+13=21, 13+21=34이므로 21+34=55이다.

=x   ★=y   ✹=z

$x + x + y + z = 12$
$x + y + z + z = 13$
$x + x + x + x + y = 13$
$y + x + y + z = ?$

$2x + y + z = 12$
$x + y + 2z = 13$
$4x + y = 13$

$2x + y + z = 12$
$2(2x + y + z) = 2 \times 12$
$4x + 2y + 2z = 24$
$-\ \underline{\ x + y + 2z = 13\ }$
$3x + y = 11$

$3x + y = 11$
$-\ \underline{\ 4x + y = 13\ }$
$\ \ -x = -2$
$\therefore x = 2$

$4x + y = 13$
$4 \times 2 + y = 13$
$\therefore y = 5$

$x + y + 2z = 13$

$2 + 5 + 2z = 13$

$2z = 6$

$\therefore z = 3$

$x + 2y + z = ?$

$\therefore 2 + 10 + 3 = 15$

$\stackrel{\star}{} = 2$ $\bigstar = 5$ $\maltese = 3$

PUZZLE
115

19

$$\frac{100 - \left(\dfrac{2x-8}{5}\right)^2}{8} = 8$$

$$100 - \left(\frac{2x-8}{5}\right)^2 = 64$$

$$-\left(\frac{2x-8}{5}\right)^2 = -36$$

$$\frac{4x^2 - 32x + 64}{25} = 36$$

$4x^2 - 32x + 64 = 900$

$4x^2 - 32x = 836$

$x^2 - 8x = 209$

$(x-4)^2 - 16 = 209$

$(x-4)^2 = 225$

$(x-4)^2 = 15^2$

$x - 4 = 15$

$$\therefore x = 19$$

따라서 처음 생각했던 수는 19이다.

12

$\boxed{\bigstar} = x$ $\boxed{\hat{\bigstar}} = y$ $\bigstar = z$

$x + y + z + z = 25$
$y + z + z + z = 28$
$x + y + x + y = 14$
$z + y + y + y = ?$

$x + y + 2z = 25$
$y + 3z = 28$
$2x + 2y = 14$

$2x + 2y = 14$
$x + y = 7$

$x + y + 2z = 25$
$7 + 2z = 25$
$2z = 18$
$\therefore z = 9$

$y + 3z = 28$
$y + 27 = 28$

$$\therefore y = 1$$

$$2x + 2y = 14$$
$$2x + 2 = 14$$
$$2x = 12$$
$$\therefore x = 6$$

$$z + 3y = ?$$
$$\therefore 9 + 3 = 12$$

$\boxed{\bigstar} = 6$ $\boxed{\vardiamond\bigstar} = 1$ $\boxed{\bigstar} = 9$

PUZZLE 117

정답은 아래 그림과 같다.

3	2	9	3	1	9	5	2	5	2	1	9	3	5	1	3	2	9
9	5	2	2	9	5	3	1	1	5	3	2	9	1	3	9	5	2
5	3	1	3	1	9	5	2	2	9	5	3	1	2	9	5	3	1
9	5	2	5	2	1	9	3	3	1	9	5	2	3	1	3	9	2
2	1	5	3	9	2	1	5	1	3	9	5	2	3	9	2	1	5
3	2	9	5	1	3	2	9	3	9	2	5	1	5	1	3	2	9
5	3	1	9	2	5	3	1	5	1	3	9	2	9	2	5	3	1
9	5	2	1	3	9	5	2	9	2	5	1	3	1	3	9	5	2
1	9	3	2	5	1	9	3	1	3	9	2	5	2	5	1	9	3
2	1	5	2	9	5	3	1	2	5	1	3	9	3	9	2	1	5
3	2	9	3	1	9	5	2	5	2	1	9	3	5	1	3	2	9
5	3	1	5	2	1	9	3	9	3	2	1	5	9	2	5	3	1
9	5	2	2	9	5	3	1	1	5	3	2	9	1	3	9	5	2
5	3	1	3	1	9	5	2	2	9	5	3	1	2	9	5	3	1
9	5	2	5	2	1	9	3	3	1	9	5	2	3	1	3	9	2
1	9	3	1	3	9	5	2	5	2	5	2	1	9	3	1	9	3

C

각 도형은 한 줄 아래에서 오른쪽으로 다섯 번째 칸마다 반복된다.

D

〈그림 1〉의 두 오각형 안에서 같은 위치에 있는 선이 〈그림 2〉에서 곡선으로 바뀌었고, 겹치지 않는 선은 사라졌다. 〈그림 3〉의 두 오각형에서 같은 위치의 선이 곡선으로 바뀌고, 나머지 선이 사라진 것은 D이다.

정답은 아래 그림과 같다.

```
B A B A N A N B A N B N A N B A
N N N N A B A A A B A N N A A N
A N A B N N B B A N B A N N N A
N A B B A N N A N A B A B N B
A N A N B A A A N A B A B A A
B A N A B N A B A A N A A N A N
A A A B A N A A B A N B A N A
N A A A B A N A N B A N B A B A B
A N A N B N B N A B A A N A N A
B A N A A A N A A B A A N A N N N
N B B N N N N A N A N A N B A N A
A A N A A B A A N N A A B B A B
B N A B A N A B A B N A N A N A
A B N A B A N B A B N A N B A N
N A A B A N A A A A N B A B N A
A N A N B A B N B A N A N B A N
```

C

B

나머지는 같은 그림이 회전한 반면, B는 반전되어 있다.

 정답은 아래 그림과 같다.

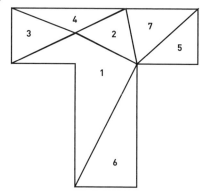

 C

아래에서부터 시작해보자. 밑에서 두 번째 줄에 있는 오각형은 각각 그 아래 양쪽에 있는 두 개의 오각형에 따라 모양이 결정된다. 예를 들어, 밑에서 두 번째 줄 맨 왼쪽에 있는 ⬠ 는 그 아래에 있는 ⬠ 와 ⬠ 에서 서로 겹치는 부분인 ⬠ 를 제외한 나머지 동그라미를 모두 넣은 모양이다. 이 같은 규칙을 반복해 올라가면 물음표에는 C가 들어 간다.

 E

E를 제외한 나머지 그림에서는 맨 바깥쪽 곡선이 중간에 있는 곡선의 정가운데 지점에서 시작된다.

2시 방향

윗줄에 있는 시계의 각 바늘이 가리키는 숫자의 합은 16, 14, 12로 2씩 줄어들고 있다. 아랫줄에 있는 시곗바늘의 합이 2씩 줄어들려면 마지막 시계는 8시 10분이 되어야 한다. 그러므로 마지막 시계의 분침은 2시 방향을 가리켜야 한다.

F

F를 제외한 나머지 그림 즉, A-I, B-G, C-E, D-H는 같은 모양으로 짝을 이룬다.

A

주사위는 아래 위가 고정된 채 시계 방향으로 45°씩 회전하고 있다. 그러므로 물음표에 들어갈 그림은 A이다. 일반적인 주사위는 마주보는 숫자의 합이 7이라는 사실에 유의하자.

A

각 행과 열마다 같은 규칙이 적용된다. 셋째 칸에 들어갈 흰 원의 개수는 첫째 칸의 흰 원 개수에서 둘째 칸의 흰 원 개수를 뺀 값이다. 그리고 셋째 칸에 들어갈 검은 원의 개수는 첫째 칸의 검은 원 개수와 둘째 칸의 검은 원 개수를 더한 값이다. 즉, 첫째 줄 맨 왼쪽 칸에는 흰 원 3개와 검은 원 1개가 있고, 둘째 칸에는 흰 원 1개와 검은 원 2개가 있다. 따라서 흰 원은 3-1=2, 검은 원은 1+2=3이 셋째 칸에 있는 원의 수이다. 이는 세로 방향으로도 적용된다. 그러므로 물음표에 들어갈 그림은 A가 된다.

PUZZLE 130

23

가로줄을 기준으로 각 숫자의 십의 자릿수는 해당 숫자의 왼쪽에 있는 빈칸의 수를, 일의 자릿수는 해당 숫자의 오른쪽에 있는 빈칸의 개수를 의미한다. 즉, 74의 경우 왼쪽에 있는 빈칸은 7개, 오른쪽에 있는 빈칸은 4개이다. 물음표의 왼쪽에 있는 빈칸은 2개, 오른쪽에 있는 빈칸은 3개이므로 답은 23이다.

PUZZLE 131

B

각 행을 이루는 시계 그림은 왼쪽부터 오른쪽으로 45분 후를, 각 열을 이루는 시계 그림은 위에서 아래 순으로 45분 전을 가리킨다. 그러므로 물음표에 들어갈 시계는 B이다.

PUZZLE 132

C

PUZZLE 133

3A

3A를 제외한 나머지 도형은 맨 바깥쪽 곡선이 중간에 있는 곡선의 정 가운데 지점에서 시작된다.

PUZZLE 134

149, 131, 153, 135

각 칸을 순서대로

A B C D

E F G H

I J K L

? ? ? ?

라고 하면 A+C=F, B+D=G, A+B=H, C+D=E로 계산한다. 따라서 62+69=131, 73+80=153, 62+73=135, 69+80=149이므로 순서대로 149, 131, 153, 135가 답이 된다.

D

밑에서 두 번째 줄의 삼각형은 아래에 있는 두 개의 삼각형 안 동그라미 위치와 색에 따라 결정된다. 즉, 두 개의 삼각형 안 같은 자리에 있는 같은 색의 동그라미는 검은색과 흰색이 서로 바뀌어 위치하며, 겹치지 않거나 같은 색이 아닌 원은 사라진다. 이 규칙을 반복 적용하면 물음표에 들어갈 그림은 D가 된다.

11시 방향

시곗바늘이 가리키는 숫자를 더하면 각각 14, 17, 20으로 3씩 증가하고 있다. 그러므로 네 번째 시계의 시침은 11시 방향을 가리켜야 한다. 즉, 11+12=23이다.

C

C 안에 있는 반원은 다른 그림과 달리 좌우 반전되어 있고, 삼각형은 상하 반전되어 있다.

수요일

앞에 있는 단서와는 상관없이 화요일 다음은 수요일이다.

E

사각형에서 윗줄 왼쪽 칸에 있는 점은 차례대로 시계 방향으로 회전하고 있고, 윗줄 오른쪽 칸에 있는 점은 대각선 방향으로 반복하여 이동하고 있다. 아랫줄 왼쪽 칸에 있는 점은 차례대로 시계 반대 방향으로 회전하고 있으며, 아랫줄 오른쪽 칸에 있는 점은 대각선 방향으로 반복하여 이동하고 있다. 그러므로 답은 E이다.

C

C를 제외한 나머지 그림은 상하 반전되었다.

B

다른 것은 전개도를 접으면 정육면체를 만들 수 있지만, B는 만들 수 없다.

167

각 가로줄에서 첫째 칸과 셋째 칸의 맨 앞 자리 수끼리 곱하면 둘째 칸의 맨 앞 두 자리 수가 된다. 그리고 첫째 칸의 맨 뒤 두 자리 수를 셋째 칸의 맨 뒤 한 자리 수로 나누면 둘째 칸의 맨 뒤 한 자리 수가 된다. 즉, 456, 128, 37에서 4×3=12, 56÷7=8이 돼 중앙의 128이 만들어진다. 이에 따라 263-?-89에서 2×8=16, 63÷9=7이므로 물음표에는 167이 들어간다.

정답은 다음 그림과 같다.

```
H I H O H I I I O H O H H I O H I
I H O H O I O I I O H H I H H I
O O I H H O I I O I I O H I H O
H O O O O I O H I H I I H O I
I O I O H I H O I I O I I O H I
H O O I O I O H O I I O I H I O
O I H H H I I I O H H O I O H I
I O H I I O I I I O H I H I O
I O I O I I O I I O O I O O I H
H O I I O H O I I O O I I O I H
I O O I O I O I I I I H O H I H
O I O O I O I O I O I O I O I O
H O O I O O H O H I O O I I O I
I H I O I I I H I O O I H I I O
H I O I I I O O H I H I O O H O
O H O I O O I H I O I H H I H I
```

D

 B
A−F, C−D, E−G는 같은 모양이 회전한 그림이다.

 4
가운데 줄을 기준으로 좌우 혹은 가운데 열을 기준으로 상하 칸에서
개수가 많은 쪽에서 적은 쪽을 빼면 가운데 칸의 동그라미 개수가 된
다. 따라서 물음표는 5−1=? 혹은 ?−2=2가 된다. 그러므로 물음표
에는 동그라미 4개가 들어간다.

 2A
검은 점 두 개를 잇는 수직선이 빠져 있다.

 병은 시계 방향으로 45°, 90°, 135°, 180° 회전하고 있다.
그러므로 물음표에 들어갈 그림은 225° 회전한 그림이
어야 한다.

 27개

PUZZLE 150

7

세로줄을 기준으로 가장 큰 숫자는 나머지 세 개의 숫자를 더한 값이다. 즉, 6+2+4=12, 4+4+5=13, 8+5+4=17이다. 그러므로 네 번째 줄 6+?+2=15가 되어야 하므로 답은 7이다.

PUZZLE 151

■

왼쪽 아랫줄을 시작으로 지그재그로 올라가면서 동그라미와 사각형이 반복되며 모양이 바뀐다. 동그라미는 검은 부분이 전체−절반−3/4이, 사각형은 3/4−전체−절반 순으로 반복된다.

PUZZLE 152

A=112, B=81, C=80, D=80

$$A : 56 + (A \times \frac{1}{2}) = A$$

$$56 + \frac{A}{2} = A$$

$$112 + A = 2A$$

$$\therefore A = 112$$

$$B : 54 + (B \times \frac{1}{3}) = B$$

$$54 + \frac{B}{3} = B$$

$$162 + B = 3B$$

$$2B = 162$$

$$\therefore B = 81$$

$$C : 60 + (C \times \frac{1}{4}) = C$$

$$60 + \frac{C}{4} = C$$

$$240 + C = 4C$$

$$3C = 240$$

$$\therefore C = 80$$

$$D : 64 + (D \times \frac{1}{5}) = D$$

$$64 + \frac{D}{5} = D$$

$$320 + D = 5D$$

$$4D = 320$$

$$\therefore D = 80$$

69

위에 있는 두 수의 합을 4로 나눈 값이 아래의 수이다. 즉, (75+69) ÷ 4=36, (26+82) ÷ 4=27이다. 그러므로 (91+?) ÷ 4=40일 때 물음표에 들어갈 수는 69이다.

나 혹시 천재 아닐까?

이 책이 준비한 퍼즐들은 모두 재미있게 푸셨는지요? 퍼즐을 풀면서 페이지 번호 아래 해결, 미해결 표시는 꼼꼼히 해두었겠지요. 여러분의 퍼즐 풀이 능력으로 천재 가능성을 평가해드립니다.

● 해결 문제 1~20개 : 쉬운 문제부터 도전해보세요.

당신은 수학이라면 끔찍이 싫어했고, 시험 때는 객관식 문제는 말할 것도 없고 주관식 문제마저 과감히 찍기를 시도했었겠군요. 맞힌 문제보다 틀린 문제의 개수가 더 많다는 사실보다 당신을 더 슬프게 하는 것은 해답을 봐도 전혀 이해가 안 되어 한숨만 나오는 상황입니다. 해결 문제 1~20개라는 결과는, 수학 실력이 형편없어서가 아니라 아직 문제 해결의 실마리를 못 찾고 있다는 의미입니다. 우선은 조금만 고민하면 의외로 쉽게 풀 수 있는 문제부터 다시 도전해보기 바랍니다.

●해결 문제 21~70개 : 커다란 호기심과 끈기로 똘똘 뭉친 사람이군요.

문제를 풀면서 당신은 손톱을 물어뜯고 있거나, 이마에 땀이 송골송골 맺히

거나, 미간에 주름이 생기고, 머리에서 김이 난다는 착각이 들었을 수도 있습니다. 몸에 이런 반응이 나타났는데도 문제를 계속 풀었다면, 이것은 당신이 호기심이 많고 대단한 끈기를 가진 사람이라는 증거입니다.

이 책에는 몇 가지 공통된 유형의 문제가 있습니다. 우선 하나의 유형씩 실마리를 찾아나가기 바랍니다. 실마리만 찾으면 숫자나 조건이 조금씩 바뀐 문제들은 아주 쉽게 풀 수 있을 것입니다.

● 해결 문제 71~120개 : 당신의 천재성을 더욱 발전시키세요.

당신은 안 풀리는 한 문제 때문에 1시간이고 2시간이고 문제가 풀릴 때까지 문제에서 떨어질 줄 모르는 분이군요. 이제 틀린 문제 중심으로 분석해보기 바랍니다. 분명 특정 유형의 문제에 유난히 약한 자신을 발견할 것입니다.

수리력이 뛰어난 당신이라면, 다른 〈멘사 퍼즐 시리즈〉에서도 분명 좋은 결과를 얻을 것입니다. 당신이 가진 능력을 100% 끌어 올릴 수 있는 방법을 찾아보세요.

● 해결 문제 121~153개 : 당신이 바로 50명 중 1명, IQ 상위 2%에 속하는 그분이셨군요.

지금 당장 멘사코리아 홈페이지(www.mensakorea.org)에서 테스트를 신청해 보실 것을 권해드립니다.

전 세계 인구 중 2%, 영재 그들은 누구인가?

●멘사는 천재 집단이 아니다

지능지수 상위 2%인 사람들의 모임 멘사. 멘사는 사람들의 호기심을 끊임없이 불러일으키고 있다. 때때로 매스컴이나 각종 신문과 잡지들이 멘사와 회원을 취재하고, 관심을 갖는다. 대중의 관심은 대부분 멘사가 과연 '천재 집단'인가 아닌가에 몰려 있다.

정확히 말하면 멘사는 천재 집단이 아니다. 우리가 흔히 '천재'라는 칭호를 붙일 수 있는 사람은 아마도 수십 만 명 중 하나, 혹은 수백만 명 중 첫손에 꼽히는 지적 능력을 가진 사람일 것이다. 그러나 멘사의 가입 기준은 공식적으로 지능지수 상위 2% 즉, 50명 중 한 명으로 되어 있다. 우리나라(남한)의 인구를 약 5,200만 명이라고 한다면 104만 명 정도가 그 기준에 포함될 것이다. 한 나라에 수십 만 명의 천재가 있다는 것은 말이 안 된다. 그럼에도 불구하고 멘사를 향한 사람들의 관심은 끊이지 않는다. 멘사 회원 모두가 천재는 아니라 하더라도 멘사 회원 중에 진짜 천재가 있지 않을까 하고 생각한다. 멘사 회원에는 연예인도 있고, 대학 교수도 있고, 명문대 졸업생이나 재학생도 많지만 그렇다고 해서 '세상이 다 알 만한 천재'가 있는 것은 아니다.

지난 9년간 멘사코리아는 끊임없이 새로운 회원들을 맞았다. 대부분 10대 후반과 20대 전후의 젊은이들이었다. 수줍음을 타며 조용한 사람들이 많았고 얼핏 보면 평범한 사람들이었다. 물론 조금 사귀어 보면 멘사 회원 특유의 공통점을 발견할 수 있다. 무언가 한두 가지씩 몰두하는 취미가 있고, 어떤 부분에 대해서는 무척 깊은 지식을 가지고 있으며, 남들과는 조금 다른 생각을 하곤 한다. 하지만 멘사에 세상이 알 만한 천재가 소속해 있다고 말하긴 어려울 듯하다.

세상에는 우수한 사람들이 많이 있지만, 누가 과연 최고의 수재인가 천재인가 하는 것은 쉬운 문제가 아니다. 사람들에게는 여러 가지 재능이 있고, 그런 재능을 통해 자신을 드러내 보이는 사람도 많다. 하나의 기준으로 사람의 능력을 평가하여 일렬로 세우는 일은 그다지 현명한 일은 아니다. 천재의 기준은 시대와 나라에 따라 다르다. 다양한 기준에 따른 천재를 한 자리에 모두 모을 수는 없다. 그렇다고 강제로 하나의 단체에 소속하도록 할 수도 없다. 멘사는 그런 사람들의 모임이 아니다. 하지만 멘사 회원은 지능지수라는 쉽지 않은 한 가지 기준을 통과한 사람들이란 점은 분명하다.

●전투 수행 능력을 알아보기 위해 필요했던 지능검사

멘사는 상위 2%에 해당하는 지능지수를 회원 가입 조건으로 하고 있다. 지능지수만으로 어떤 사람의 능력을 절대적으로 평가할 수 없다는 것은 분명하다. 하지만 지능지수가 터무니없는 기준은 아니다.

지능지수의 역사는 100년이 넘어간다. 1869년 갤튼(F. Galton)이 처음으로 머리 좋은 정도가 사람에 따라 다르다는 것을 과학적으로 연구하기 시작했다. 1901년에는 위슬러(Wissler)가 감각 변별력을 측정해서 지능의 상대적인 정도를 정해보려 했다. 감각이 예민해서 차이점을 빨리 알아내는 사람은 아마도 머리가 좋을 것이라고 생각했던 것이다. 그러나 그런 감각과 공부를 잘하거나 새로운 지식을 습득하는 능력 사이에는 상관관계가 없다고 밝혀졌다.

  1906년 프랑스의 심리학자 비네(Binet)는 최초로 지능검사를 창안했다. 당시 프랑스는 교육 기관을 체계화하여 국가 경쟁력을 키우려고 했다. 그래서 국가가 지원하는 공립학교에서 가르칠 아이들을 선발하기 위해 비네의 지능검사를 사용했다.

  이후 발생한 세계대전도 지능검사의 확산에 영향을 주었다. 전쟁에 참여하기 위해 전국에서 모여든 젊은이들에게 단기간의 훈련을 받게 한 후 살인무기인 총과 칼을 나눠주어야 했다. 이때 지능검사는 정신 이상자나 정신지체자를 골라내는 데 나름대로 쓸모가 있었다. 미국의 스탠퍼드 대학에서 비네의 지능검사를 가져다가 발전시킨 것이 오늘날 스탠퍼드-비네(Stanford-Binet) 검사이며 전 세계적으로 많이 사용되는 지능검사 중 하나이다.

  그리고 터먼(Terman)이 1916년에 처음으로 '지능지수'라는 용어를 만들었다. 우리가 '아이큐'(IQ : Intelligence Quotients)라 부르는 이 단어는 지능을 수치로 만들었다는 뜻인데 개념은 대단히 간단하다. 지능에 높고 낮음이 있다면 수치화하여 비교할 수 있다는 것이다. 평균값이 나오면, 평균값을 중심으로 비슷한 수치를 가진 사람을 묶어볼 수 있다. 한 학교 학생들의 키를 재서 평균을 구했더니 167.5cm가 되었다고 하자. 그리고 5cm 단위로 비슷한 키의 아이들을 묶어보자. 140cm 이하, 140cm 이상에서 145cm 미만, 140cm 이상에서 150cm 미만…이런 식으로 나눠보면 평균값이 들어 있는 그룹(165cm 이상, 170cm 이하)이 가장 많다는 것을 알 수 있다. 그리고 양쪽 끝(145cm 이하인 사람들과 195cm이상)은 가장 적거나 아예 없을 수도 있다. 이것을 통계학자들은 '정규분포'(정상적인 통계 분포)라고 부르며, 그래프를 그리면 종 모양처럼 보인다고 해서 '종형 곡선'이라고 한다.

지능지수는 이런 통계적 특성을 거꾸로 만들어낸 것이다. 평균값을 무조건 100으로 정하고 평균보다 머리가 느리면 100 이하고, 빠르면 100 이상으로 나누는 것이다. 평균을 50으로 정했어도 상관없었을 것이다. 그렇게 했다고 하더라도 100점이 만점이 될 수는 없을 것이다. 사람의 머리가 얼마나 좋은지는 아직도 모르는 일이기 때문이다.

● '지식'이 아닌 '지적 잠재능력'을 측정하는 것이 지능검사

지능검사는 그 사람이 가진 '지식'을 측정하는 것이 아니다. 지식을 측정하는 것이라면 지능검사가 학교 시험과 다를 바가 없을 것이다. 지능검사는 '지적 능력'을 평가하는 것이다. 지적 능력이란 무엇일까? 기억력(암기력), 계산력, 추리력, 이해력, 언어적인 능력 등이 모두 지적 능력이다. 지능검사가 측정하려는 것은 실제로는 '지적 능력'이라기보다 '지적 잠재능력'일 것이다.

유명한 지능검사로는 앞서 이야기했던 스탠퍼드-비네 검사 외에도

'웩슬러 검사' '레이븐스 매트릭스'가 있다. 웩슬러 검사는 학교에서 많이 사용하는 것으로 나라별로 개발되어 있으며, 언어 영역과 비언어 영역을 나누어서 측정하도록 되어 있다. 레이븐스 매트릭스는 도형으로만 되어 있는 다지선다식 지필검사인데, 문화나 언어 차이가 없어 국가 간 지능 비교 연구에서 많이 사용되었다. 이외에도 지능검사는 수백 가지가 넘게 존재한다.

지능검사가 과연 객관적인지를 알아보기 위해 결과를 서로 비교하는 연구도 있다. 지능검사들 사이의 연관계수는 0.8 정도이다. 두 가지 지능검사 결과가 동일하게 나온다면 연관계수는 1이 될 것이고, 전혀 상관없이 나온다면 0이 된다. 0.8 이상의 연관계수가 나온다면 비교적 객관적인 검사로 본다. 웩슬러 검사는 표준 편차 15를 사용하고, 레이븐스 매트릭스는 24를 사용한다. 그래서 웩슬러 검사로 115는 레이븐스 매트릭스 검사의 148과 같은 지수이다. 멘사의 입회 기준은 상위 2%이고, 따라서 레이븐스 매트릭스로 148이며, 웩슬러 검사로 130이 기준이다. 학교에서 평가한 지능 지수가 130이었다면, 멘사 시험에 도전해볼 만하다.

●강요된 두뇌 계발은 득보다 실이 더 많다

'지적 능력'은 대체로 나이가 들수록 좋아진다. 어떤 능력은 나이가 들수록 오히려 나빠진다. 하지만 지식이 많고 공부를 많이 한 사람들, 훈련을 많이 한 사람들이 지능검사에서 뛰어난 능력을 보여준다. 그래서 지능지수는 그 사람의 실제 나이를 비교해서 평가하게 되어 있다. 그 사람의 나이에 비교해 현재 발달되어 있는 지적 능력을 측정한 것이 지능지수이다. 우리가 흔히 '신동'이라고 부르는 아이들도 세상에서 가장 우수하다기보다는 '아주 어린 나이에도 불구하고 보여주고 있는 능력이 대단하다'는 것이다. 세 살에 영어책을 줄줄 읽는다든가, 열 살도 안 된 아이가 미적분을 풀었다든가 하는 것도 마찬가지이다.

'지적 잠재 능력'은 3세 이전에 거의 결정된다고 본다. 지적 잠재 능력이란 지적 능력이 발달하는 속도로 볼 수 있다. 혹은 장차 그 사람이 어느 정도의 '지적 능력'을 가지게 될 것인가 미루어 평가해보는 것이다. 지능검사에서 측정하려는 것은 '잠재 능력'이지 이미 개발된 '지능'이 아니다. 3세 이전에 뇌세포와 신경 구조는 거의 다 만들어지기 때문에 지적 잠재 능력은 80% 이상 완성되며, 14세 이후에는 거의 변하지 않는다는 것이 많은 학자들의 의견이다.

조기 교육을 주장하는 사람들은 흔히 3세 이후면 너무 늦다고 한다. 하지만 3세 이전의 유아에게 어떤 자극을 주어 두뇌를 좋게 만든다는 생각은 아주 잘못된 것이다. 태교에 대한 이야기 중에도 믿기 어려운 것이 너무 많다. 두뇌 생리를 잘 발육하도록 하는 것은 '지적인 자극'이 아니다. 어설픈 두뇌 자극은 오히려 아이에게 심각한 정신적·육체적 손상을 줄 수도 있다. 이 시기에는 '촉진'하기보다는 '보호'하는 것이 훨씬 중요하다. 태아나 유아의 두뇌 발달에 해로운 질병 감염, 오염 물질 노출, 소음이나 지나친 자극에 의한 스트레스로부터 아이를 보호해야 한다.

한때, 젖도 안 뗀 유아에게 플래시 카드(외국어, 도형, 기호 등을 매우 빠른 속도로 보여주며 아이의 잠재 심리에 각인시키는 교육 도구)를 보여주는 교육이 유행했다. 이 카드는 장애를 가지고 있어 정상적인 의사소통이 되지 않는 아이들의 교정 치료용으로 개발된 것으로 정상아에게 도움이 되는지 확인된 바 없다. 오히려 교육을 받은 일부 아동들에게는 원형탈모증 같은 부작용이 발생했다. 두뇌 생리 발육의 핵심은 오염되지 않은 공기와 물, 균형 잡힌 식사, 편안한 상태, 부모와의 자연스럽고 기분 좋은 스킨십이다. 강요된 두뇌 계발은 얻는 것보다는 잃는 것이 더 많다.

●왜 많은 신동들이 나이 들면 평범해지는가

지적 능력도 키가 자라나는 것처럼 일정한 속도로 발달하지 않는다. 집중적으로 빨리 자라나는 때가 있다. 아이들을 불과 몇 개월 사이에 키가 10cm이상 자라기도 한다. 사람들의 지능도 마찬가지이다. 아주 어린 나이에 매우 빠른 발전을 보이는 사람이 나이가 들어가며 발달 속도가 느려지기도 한다. 반면, 아주 나이가 들어서 갑자기 지능 발달이 빨라지는 사람도 있다. 신동들은 매우 큰 잠재력을 가진 것이 분명하지만, 그런 빠른 발달이 평생 계속되는 것은 아니다. 나이가 어릴수록 지능 발달 속도는 사람마다 큰 차이를 보이지만, 그런 차이는 성인이 되면서 점차 줄어든다. 그렇지만 처음 기대만큼의 성공은 아니어도 지능지수가 높은 아이는 적어도 지적인 활동에 있어서 우수함을 나타낸다.

어떤 사람은 지능지수 자체를 불신한다. 그러나 그런 생각은 지나친 것이다. 지적 능력의 발달 속도에는 분명한 차이가 있다. 따라서 지능지수가 높은 아이들에게는 속도감 있는 학습 방법이 효과가 있다. 아이들마다 자신의 두뇌 회전 속도와 지능 발달 속도에 잘 맞는 학습 습관을 가지게 되면 자신의 잠재 능력을 제대로 계발할 수 있다.

공부 잘하는 학생을 만들어내는 조건에는 주어진 '잠재 능력' 그 자체 보다는 그 학생에게 잘 맞는 '학습 습관'이 기여하는 바가 더 크다. 지능지수가 높다는 것은 그만큼 큰 잠재 능력을 가지고 있다는 것을 말한다. 그런 사람이 자신에게 잘 맞는 학습 습관을 계발하고 몸에 익힌다면 학업에서도 뛰어난 결과를 보일 것이다.

높은 지능지수가 곧 뛰어난 성적을 보장하지 않는다고 해도, 지능지수를 측정할 필요는 있다. 지능지수가 일정한 수준 이상이 되면, 일반인들과는 다른 어려움을 겪는다. 어떻게 생각하면 지능지수가 높다는 것은 지능의 발달 속도, 혹은 생각의 속도가 다른 사람들보다 빠른 것뿐이다. 많은 영재나 천재들이 단지 지능의 차이만 있음에도 불구하고 성격장애자나 이상성격자로 몰리고 있다. 실제로 그런 편견과 오해 속에 오랫동안 방치하면, 훌륭한 인재가 진짜 괴팍한 사람이 되기도 한다.

지능지수는 20세기 초에 국가 교육 대상자를 뽑고 군대에서 총을 나눠주지 못할 사람을 골라내거나 대포를 맡길 병사를 선택하는 수단이었다. 하지만 지금은 적당한 시기에 영재를 찾아내는 수단이 될 수 있다. 특별한 관리를 통해 영재들의 재능이 사장되는 일을 막을 수 있는 것이다.

●평범한 생활 속에서 괴로운 영재들

일반적으로 지능지수로 상위 2~3%의 아이들을 영재로 분류한다. 영재라고 해서 반드시 특별한 관리를 해주어야 하는 것은 아니다. 아주 특수한 영재임에도 불구하고 평범한 아이들과 잘 어울리고 무난히 자신의 재능을 계발하는 아이들도 있다. 하지만 영재들 중 60~70%의 아이들은 어느 정도 나이가 되면, 학교생활이나 교우관계, 인간관계 등에서 다른 사람들이 느끼지 못하는 어려움을 겪게 된다. 학교생활이 시작되고 집단 수업에 참가하게 되면서 이런 문제에 시달리게 되는 영재아의 비율은 점점 많아지게 된다.

초등학교 입학 전에 특별 관리가 필요한 초고도 지능아(지수 160 이상)는 3만 명 중 한 명도 안 되지만(이론적으로는 3만 1,560명 중 1명), 초등학교만 되어도 고도 지능아(지수 140 이상은 약 260명 중 1명으로 우리나라 한 학년의 아동수가 60만 명 정도 된다고 볼 때 2,300명 안팎)는 이미 어려움을 겪고 있다고 보아야 한다.

중학생이 되면 영재아(지수 130 이상으로 약 43명 중 1명)중 3분의 1인 6,000명 정도가 학교생활 속에서 고통받고 있다고 보아야 한다. 고등학생이 되면 학교생활에서 어려움을 느끼는 비율은 60%인 8,400명 정도가 될 것이다.

문제는 이것이 확률 문제라는 것이다. 영재아라고 해서 모두 고통을 받는 것이 아니다. 단지 그럴 가능성이 높다는 뜻이다. 예외 없이 영재아가 모두 그랬다면, 오히려 훨씬 일찍 개선 방법이 나왔을 것이다. 게다가 여기에 한 가지 문제가 덧붙여지고 있다. 모든 국가 아이들의 평균 지능지수는 해마다 점점 높아진다. '플린'이라는 학자가 수십 년간의 연구로 확인한 결과 선진국과 후진국 모두에서 이런 현상을 찾아볼 수 있다. 영재들의 학교생활 부적응 문제는 20세기 중반까지 전체 학생의 2% 이하인 소수 아이들(우리나라의 경우 매년 1만 명 안팎)의 문제였지만, 아이들의 지능 발달이 빨라지면서 점점 많은 아이들의 문제가 되어 가고 있다. 이 아이들의 어려움은 부모, 교사들과의 갈등으로 번져갈 수 있다. 하지만 해결 방법이 전혀 없는 것은 아니다. 아이들의 지적 잠재능력에 맞는 새로운 교육 방법이 나와야만 하는 이유가 그것이다.

　지능지수와 관련하여 학교생활에서 어려움을 겪는 정도가 심한 아이들의 비율과 기준은 대략 다음과 같다.

학년	지능지수	비율(%)	학생 60만 명 당(명)
미취학(유치원)	169	0.003	20
초등학교	140	0.4	2,300
중학교	135	1	6,000
고등학교	133	1.4	8,400

　미취학 어린이들이나 초등학생들을 위한 영재 교육원은 넘쳐 나지만, 중고등학생을 위한 영재 교육 시설은 별로 없는 현재의 교육 제도가 영재들에게는 큰 도움이 되지 않는 이유는 이런 것이다. 특수 목적고나 과학 영재학교 등은 영재아들이 겪는 문제를 도와주지 못한다. 이런 학교들은 엘리트 양성 기관으로 학교생활에 잘 적응하는 수재들

에게 적합한 학교들이다.

　미국의 통계를 보면, 학교생활에서 우수한 성적을 거두는 아이들은 지수 115(상위 15%)에서 125(상위 5%) 사이에 드는 아이들이다. 학계에서는 이런 범위를 최적 지능지수라고 말한다. 이런 아이들은 수치로 보면 대체로 10명 중 하나가 되는데 엘리트 교육 기관은 이런 아이들의 차지가 된다. 물론 이들 사이에서도 치열한 경쟁이 일어나고 있다. 이런 경쟁 속에서 작은 차이가 합격·불합격을 결정하게 된다. 이 경쟁에서 이긴 아이는 지적 능력뿐 아니라, 학습 습관, 집안의 뒷받침, 경쟁에 강한 성격, 성취동기 등 모든 면에서 균형잡힌 아이들이라 할 수 있다.

　영재 아이들 중에도 예외적으로 학교생활에 적응했거나 매우 강한 성취동기를 가진 아이들이 엘리트 학교에 입학하기도 한다. 하지만 영재아는 그 이후 학교 적응에는 역시 어려움을 겪는다. 기질적으로 영재아는 엘리트 교육 기관의 교육 문화와 충돌할 위험성이 높다. 최적 지능지수를 가진 수재들은 학업을 소화해내는 데 큰 어려움을 느끼지 못하며, 또래 친구들과 어울리는 데에도 어려움이 없다. 물론 이런 아이들도 입시 경쟁에 내몰리고 학교, 교사, 부모로부터 강한 압력을 받게 되면 고통스러워 하지만 그 정도는 비교적 약하며 곧잘 극복해낸다.

　영재아는 감수성이 예민한 편이다. 그래서 교사나 학교가 어린 학생들을 다루는 태도에 큰 상처를 받기도 한다. 또한 이들은 어휘력이 뛰어난 편이다. 뛰어난 어휘력이 오히려 영재아 자신을 고립시킬 수 있다. 또래 아이들이 쓰지 않거나 이해하지 못하는 단어를 자꾸 쓰다

보면, 반감을 일으킨다. '잘난 체한다' '어른인 척한다' 등의 말을 듣기도 한다. 반대로 교사가 아이들에게 이해하기 쉽도록 이야기하면, 영재아는 오히려 답답해하며 괴로워하기도 한다. 이런 영재아의 태도에 교사는 불편함을 느낀다.

대체로 또래 아이들과 어울릴 수 있는 부분이 학년이 올라갈수록 적어지기 때문에 영재아는 심한 고립감을 느낀다. 자기에게 흥미를 주는 것들은 또래 아이들이 이해하기에는 너무 어렵고, 또래 아이들이 즐기는 것들은 지나치게 유치하고 단순하게 느껴진다. 그렇다고 해서 성인이나 학년이 높은 형, 누나, 오빠, 언니들과 어울리는 것도 자연스럽지 않다. 대체로 영재아는 내성적이고 책이나 특별한 소일거리에 매달리는 경향이 많다. 또 자존심이 강하고 나이에 걸맞지 않은 사회 문제가 인류 평화의 문제에 대해 관심을 가지기도 한다.

지능지수로 상위 2~3%에 속하는 영재들은 오히려 학업 성적이 부진할 수 있다. 미국 통계에 의하면 영재들 중 반 이상이 평균 이하의 성적을 거두는 것으로 나타났다. 나머지 반도 평균 이상이라는 뜻이지 최상위권에 속했다는 뜻은 아니다. 지능지수와 학업 성적은 대체로 비례 관계를 가진다. 즉, 지능지수가 높은 아이들이 성적도 우수하다. 하지만 최적 지능지수(115~125 사이)까지만 그렇다. 오히려 지능지수가 높은 그룹일수록 학업 부진에 빠지는 비율이 높아진다. 이런 현상을 '발산 현상'이라 부른다.

발산 현상은 지능지수에 대한 불신을 일으킨다. 고도 지능아의 경우, 거의 예외 없이 '머리는 좋다는 애가 성적은 왜 그래?'라는 말을 한두 번 이상 듣게 된다. 혹은 지능검사가 잘못되었다는 말도 듣는다.

영재아 혹은 고도 지능아 중에도 높은 학업 성적을 보이는 아이들이 있지만, 그 비율은 그리 많지 않다(대체로 10% 이하).

●영재와 수재의 특성을 모르는 데서 오는 영재 교육의 실패

영재는 실제로 있다. 영재는 조기 교육의 결과로 만들어진 가짜가 아니다. 영재는 평범한 아이들보다 5배에서 10배까지 학습 효율이 높고 배우는 속도가 빠르다. 영재는 제대로 배양하면 국가의 어떤 자원보다도 부가 가치가 크다. 사회는 점점 지식 사회로 가고 있다. 천연자원보다 현재 국가가 가진 생산시설이나 간접자본보다 점점 가치가 많아지는 자원이 지식과 정보이다. 영재는 지식과 정보를 처리하는 자질을 많이 가지고 있다. 그럼에도 불구하고 각국은 영재 개발에 그다지 성공하지 못하고 있다.

1970년 미국에서 달라스 액버트라는 17세의 영재아가 자살하는 사건이 일어났다. 액버트의 부모는 영리했던 아이가 왜 자살에까지 이르렀는지 사무치는 회한으로 몸서리쳤다. 자신들이 좀 더 아이의 고민에 대해 현명하게 대처했다면 이런 비극을 피할 수 있지 않았을까 생각하며 전문가들을 찾아 나섰다. 그러나 영재아의 사춘기를 도와줄 수 있는 프로그램은 어디에도 없다는 것을 알게 되었다. 액버트의 부모들은 사재를 털어 이 문제에 대한 답을 구하려 했고, 오하이오 주립대학이 협조했다. 10년간의 노력을 토대로 1981년 미국의 유명한 토크쇼인 〈필 도나휴 쇼〉에 출연하여 그동안의 성과를 이야기했다. 프로그램이 방영되자, 미국 전역에서 2만 통의 편지가 쏟아졌다. 많은 영재아의 부모들이 똑같은 문제로 고민해왔던 것이다. 우리나라보다 훨씬 뛰어난 교육 제도를 가졌을 것이라고 생각되는 미국에서도 영재 교육은 의외로 발달하지 못한 상태였다. 아직도 미국 교육계는 영재 교육에 대한 만족스러운 해답을 내지 못하고 있다.

영재 교육의 실패는 수재와 영재들의 특성이 다르다는 것을 모르는 데서 비롯된다. 평범한 학생들과 수재들은 수업을 함께 받을 수 있지만, 수재와 영재 사이의 거리는 훨씬 더 크다. 그 차이는 그저 참을 만한 수준이 아니다. 생각의 속도가 30%, 50% 정도 다른 경우 빠른 사람이 조금 기다려주면 되지만 200%, 300% 이상 차이가 나면 그건 큰 고통이다. 하지만 영재는 소수에 불과하기 때문에 흔히 '성격이 나쁜' '모난' '자만심이 가득 찬' 아이처럼 보인다.

영재를 월반시킨다고 문제가 해결되지는 않는다. 1~2년 정도 월반시켜봐야 학습 속도가 적당하지도 않을 뿐더러, 아무리 영재라도 체구가 작고, 정서적으로는 어린아이에 불과하기 때문에 또 다른 문제를 만들게 된다.

그렇다고 영재들만을 모아놓는다고 해서 해결되지도 않는다. 같은 영재라도 지수 130 정도의 영재아와 고도 지능아(지수 140 이상), 초고도 지능아(지수 160 이상)는 서로 다른 학습 속도를 가진다. 또 일반 학교나 엘리트 학교에서처럼 경쟁을 통한 학습 유도는 부작용이 너무 크다. 오히려 더 큰 스트레스를 유발하고 학습에 대한 거부감을 강화시킬 수 있다. 영재아에게 절실히 필요한 교육은 자신들보다 생각하는 속도가 느린 사람들과 어울려 사는 법을 익히는 것이다. 게다가 정서적으로 어린 학생들을 배려할 수 있으면서 지식 수준이 높은 영재아의 호기심에 대응할 수 있는 교사를 구하는 것은 어렵고, 교재를 개발하는 데 드는 비용 역시 막대하다.

●영재 교육 문제의 해답은 영재아 스스로 가지고 있다

그렇다면 영재 교육은 어떻게 해야만 하는가? 영재 교육 문제의 해답은 영재아 스스로 가지고 있다. 영재들에게는 스스로 진도를 정하고, 학습 목표를 정할 수 있는 자율 학습의 공간을 만들어주어야 한다. 영재들에게는 개인별 학습 진도가 주어져야 하고, 대학 수업처럼 좀 더 폭 넓은 학과 선택권이 주어져야 한다. 학과 공부보다는 체력 단련, 대인 관계 계발, 예능 훈련에 좀 더 많은 프로그램을 제공해야 한다.

빠른 지적 발달에 비해 상대적으로 미숙한 영재아의 정서 문제를 해결한다면 많은 성과를 기대할 수 있다. 지적 발달과 정서 발달 사이의 속도 차이가 큰 만큼 주변의 또래뿐만 아니라 어른들도 혼란을 느낀다. 영재아가 정서적인 면에서도 좀 더 빨리 성숙해지면, 아이는 자신감을 가지고 지적 능력을 발전시킬 수 있다. 자신이 지적 능력을 발휘할 수 있는 적절한 목표를 발견하면 영재아는 정말 놀라운 능력을 보일 것이다. 외국어 분야는 영재아에게 아주 좋은 도전 목표가 될 수 있다. 뛰어난 외국어 전문가는 많으면 많을수록 좋다. 공정하고 유능한 법관이 될 수도 있을 것이다. 짧은 시간과 제한된 자료를 가지고도 사건을 머릿속에서 재구성하여 증언과 주장의 모순을 찾아내거나, 혹은 일관성이 있는지 판단할 수 있는 법관이 많다면 세상에는 억울한 일이 좀 더 줄어들 것이다. 미술, 음악, 무용, 문학 같은 예술 분야와 다양한 스포츠 분야는 영재들에게 활동할 무대를 넓혀 줄 것이다. 창조적인 예술인이나 뛰어난 운동선수가 많을수록 국가에는 이익이 될 것이다.

영재아라 하더라도 학교생활과 친구 관계가 원만한 아이는 얼마든지 있다. 하지만 학년이 올라가고 지적 능력이 급격하게 발달하는 사춘기를 거치면, 자신의 기질이 다른 사람들과는 많이 다르다는 것을 느끼는 시기가 온다. 이러한 때 멘사는 자신과 잘 어울릴 수 있는 새로운 친구들을 만날 수 있는 통로가 될 수 있다. 영재아는 적은 노력으로 지적 능력을 키워갈 수 있다. 그렇지만 지적 능력을 계발하는 과정이 마냥 즐겁고 재미있을 수는 없다. 친구들과 함께라면 어려운 일도 이겨낼 수 있지만, 혼자 하는 연습은 고통스럽고 지루한 법이다.

지형범

멘사코리아

주소: 서울시 서초구 언남9길 7-11, 5층(제마트빌딩)

전화: 02-6341-3177

—

멘사 사고력 퍼즐
IQ 148을 위한

1판 1쇄 펴낸날 2016년 8월 30일

1판 5쇄 펴낸날 2021년 7월 15일

지은이 | 필립 카터, 켄 러셀, 존 브렘너

펴낸이 | 박윤태

펴낸곳 | 보누스

등   록 | 2001년 8월 17일 제313-2002-179호

주   소 | 서울시 마포구 동교로12안길 31 보누스 4층

전   화 | 02-333-3114

팩   스 | 02-3143-3254

E-mail | bonus@bonusbook.co.kr

ISBN 978-89-6494-266-6 04410